THE POWER OF DAILY PRACTICE

U0740065

半途而废
自救指南

让坚持变轻松的 17 个日常练习

[美] 埃里克·梅塞尔（Eric Maisel）博士　著

张濛　译

电子工业出版社

Publishing House of Electronics Industry

北京 · BEIJING

图书在版编目（CIP）数据

半途而废自救指南：让坚持变轻松的17个日常练习／（美）埃里克·梅塞尔（Eric Maisel）著；张濛译. —北京：电子工业出版社，2022.4

书名原文：The power of daily practice: how creative and performing artists (and everyone else) can finally meet their goals

ISBN 978-7-121-42715-2

Ⅰ.①半… Ⅱ.①埃… ②张… Ⅲ.①成功心理－通俗读物 Ⅳ.①B848.4-49

中国版本图书馆CIP数据核字（2022）第028851号

责任编辑：郑志宁
印　　刷：北京雁林吉兆印刷有限公司
装　　订：北京雁林吉兆印刷有限公司
出版发行：电子工业出版社
　　　　　北京市海淀区万寿路173信箱　　邮编：100036
开　　本：700×1000　1/16　印张：17.25　字数：207千字
版　　次：2022年4月第1版
印　　次：2022年4月第1次印刷
定　　价：78.00元

　　凡所购买电子工业出版社图书有缺损问题，请向购买书店调换。若书店售缺，请与本社发行部联系，联系及邮购电话：（010）88254888，88258888。

　　质量投诉请发邮件至 zlts@phei.com.cn，盗版侵权举报请发邮件至 dbqq@phei.com.cn。

　　本书咨询联系方式：（010）88254210，influence@phei.com.cn，微信号：yingxianglibook。

《半途而废自救指南：让坚持变轻松的 17 个日常练习》热评

这本书彻底改变了我的练习和思维方式，令我坚持下了很多想要半途而废的事情。对于导师、治疗师和行为习惯纠正领域的专业人士来说，《半途而废自救指南》是一本不可多得的书，有丰富的素材可供研究、借鉴。我打算将这本书作为主要教材，用于我所教授的所有健康课程！

——凯瑟琳·琼斯，注册健康导师

埃里克·梅塞尔的新书——《半途而废自救指南》，书如其名，向你讲述各种日常训练将如何让坚持变得简单，把你从无休止的半途而废中拯救出来，激发你的创造力，助你实现梦想；全书字里行间都充斥着触动心灵的力量，每每展卷阅读，都好像有一位导师跃然纸上，鼓舞、支持着每一个人。

—— 萨尔克，作家、艺术家，个人网站：planetsark.com

在《半途而废自救指南》一书中，埃里克·梅塞尔不仅阐释了日常练习为何能帮助你坚持下去，为何会成为创作者（任何人都可以成为创作者）强大的武器，他还条分缕析，逐一向我们介绍了构成这一练习的关键要素，他向潜在的创作者展示了一系列能够丰富人生的日常练习。最后，面对练习过程中可能出现的一切挑战，埃里克·梅塞尔还主动提出了若干详细的应对方法和具有启发性的思路。总之，这是一本教授我们如何每天都过得丰富充实的人生指南，内容完备，鼓舞人心。

——朱迪·里弗斯，著有《作家的时光书》和《狂女狂言》

在我所读过的所有介绍坚持力和自我完善类书籍中，当属《半途而废自救指南》的论述最为有力、内容最为详实。假如你想通过规律的训练来提高恒心，丰富自己的人生。这本书足以助你达成所愿。读完此书，你将会以全新的、更广阔的视角来审视你的日常生活和你所选择的生活方式！

—— 琳达·蒙克，期刊写作国际协会主任

创作者能直观地感受到坚持到底可以使自己的技艺日益精进，但埃里克·梅塞尔在他的新书《半途而废自救指南》中，对练习的益处逐个剖析。他详细阐述了练习的关键要素，在练习中可能遇到的挑战，以及相应的措施。无论你是视觉艺术家、作家还是作曲家，只要你醉心于创作，就一定不要错过这本丰富人生的上乘之作。

——罗西·希尔，门多西诺艺术中心执行董事埃里克·梅塞尔，以哲学家、心理治疗师、超凡的创作导师和普通人的身份，邀请我们借由本书的力量，达到更有意义、更丰富、更愉悦的人生境界。感谢你，埃里克·梅塞尔，谢谢你创作了这本详实全面的励志之作。它的问世，恰逢其时！

—— 雅各布·诺德比，著有《创意疗法》

于我而言，培养并坚持一项习惯意义重大，这段经历令我精神振奋，彻底改变了我的生活，所以我非常期待在接下来的几个月里继续深入体验。我认为，《半途而废自救指南》是一本实用性极强的人生指南，在大量练习建议和精妙实例的包裹下，蕴含着真正的人生智慧，是人们可以汲取的宝贵的力量之源。我已经开始坚持日常练习，并且已然在朝着事业、个人成长、教育、艺术等的目标大步迈进。

—— 安·德邦特里德，非母语英语国际教师

《半途而废自救指南》激励着我慎身自持，摒弃那些想半途而废的想法。为生活创造更多可能性。如今，我不仅能有条不紊地实现自己的人生目标，还为我提供了一个适宜的生活框架，让我可以实现有成效、有意义的人生。

—— 埃琳娜·格雷克，歌手、创意培训师、整体咨询师

埃里克·梅塞尔的其他作品

纪实文学 --

《对艺术家的肯定》(*Affirmations for Artists*)

《制订出版计划的技巧》(*The Art of the Book Proposal*)

《无神论者之路》(*The Atheist's Way*)

《创意培训师速成指南》(*Become a Creativity Coach Now*)

《头脑风暴》(*Brainstorm*)

《培养艺术家的内在》(*Coaching the Artist Within*)

《重新唤起你的创造力》(*Creative Recovery*)

《创意之书》(*The Creativity Book*)

《创意人生》(*Creativity for Life*)

《训练师与创意人的创作手册》(*The Creativity Workbook for Coaches and Creatives*)

《深度写作》(*Deep Writing*)

《每一天的你》(*Everyday You*)

《不惧创新》(*Fearless Creating*)

《心理保健的未来》(*The Future of Mental Health*)

《忠言逆耳》(*Hearing Critical Voices*)

《家长应如何应对子女的疾病、负面情绪与异常心理》（*Helping Parents of Diagnosed, Distressed and Different Children*）

《帮助那些被专制的家长、兄弟姊妹、伴侣所伤害的幸存者》（*Helping Survivors of Authoritarian Parents, Siblings and Partners*）

《人道帮助》（*Humane Helping*）

《修炼内在的创造力》（*Inside Creativity Coaching*）

《人生目标训练营》（*Life Purpose Boot Camp*）

《达成人生目标必备的精神食谱》（*The Life Purpose Diet*）

《写作为生》（*Living the Writer's Life*）

《睡眠思考的魔力》（*The Magic of Sleep Thinking*）

《用你的创意点亮人生》（*Making Your Creative Mark*）

《驾驭创作焦虑》（*Mastering Creative Anxiety*）

《走出家庭困境》（*Overcoming Your Difficult Family*）

《表现焦虑》（*Performance Anxiety*）

《重设思维》（即将出版）（*Redesign Your Mind*）（*forthcoming*）

《重新审视抑郁症》（*Rethinking Depression*）

《创意培训师的秘诀》（*Secrets of a Creativity Coach*）

《十秒禅语》（*Ten Zen Seconds*）

《恶语伤人》（*Toxic Criticism*）

《工作中的20个沟通小技巧》（*20 Communication Tips at Work*）

《与家人沟通的20个小技巧》（*20 Communication Tips for Families*）

《针对聪明人、敏感者和创作者的60个新颖的认知策略》（*60 Innovative Cognitive Strategies for the Bright, the Sensitive and the Creative*）

《梵高的忧伤》（*The Van Gogh Blues*）

《释放你的艺术家之魂》（*Unleashing the Artist Within*）

《性格的影响力》（*What Would Your Character Do*）

《为什么受伤的总是聪明人》（*Why Smart People Hurt*）

《写作心态》（*Write Mind*）

《一位作家眼中的巴黎》（*A Writer's Paris*）

《一位作家笔下的旧金山》（*A Writer's San Francisco*）

《作家的时空》（*A Writer's Space*）

小说文学

《阿斯特·琳恩》（*Aster Lynn*）

《黑人缉毒警》（*The Black Narc*）

《米卢斯的乌鸦》（*The Blackbirds of Mulhouse*）

《丧》（*Dismay*）

《焦躁的舞者》（*The Fretful Dancer*）

《金斯顿的文件》（*The Kingston Papers*）

《柏林谋杀案》（*Murder in Berlin*）

《笔》（*The Pen*）

《尘埃落定》（*Settled*）

期刊杂志

《艺术家说》（*Artists Speak*）

《作家与艺术家谈奉献》（*Writers and Artists on Devotion*）

《作家与艺术家谈爱》（*Writers and Artists on Love*）

冥想牌阵

每日静思

每日创意

每日智慧

节目

《好好吃饭》（*Diet Like You Mean It*）

《当好自己的老板》（*Mastering the One-Person Business*）

谨以此书，

感谢安（Ann）的四十二载风雨相伴，

也向每位向上向善、日日精进的练习者致敬。

Contents

目录

上部

让坚持变得简单的20个关键要素

要素

中部

17个日常练习，拯救坚持不下来的你

种类

下部

准备好了吗，接受挑战吧

挑战

Introduction
序

　　我想借此书向大家讲述一个简单的道理，正所谓"大道至简"，领悟了这个道理，大家的生活将发生翻天覆地的变化，那就是日常练习的重要性。正如下文阐述的那样，日常练习，既是为了让你觉得坚持下去不是一件不能完成的事儿，也是为了使你专注于自己所选的人生目标。假如你通过日常练习能够坚持完成一本小说的写作，或者成为瑜伽大师，借助冥想静心凝神，重视健康问题，或者建立网上业务，那么这些练习无疑是有价值的。其实，练习的意义远不止于此，日常练习还为你提供了一种宝贵的生活方式，让你养成一种生活习惯，它令你的每一天都过得有意义，令你的人生目标得以圆满实现。

　　此外，我还想向大家介绍一个新名词——"自塑主义"①，它是我在过去几十年的研习中总结出来的一套人生哲学理论。鉴于本书的主题是有关日常练习的，而非探讨人生哲理，所以关于"自塑主义"的内容便不再赘述。假如大家确实感兴趣，可以通过 kirism.com 网站了解更多。自塑主义是一套全面的、彻底的、一以贯之的人生哲学理

---

　　① 译者注：原文是 kirism，作者认为，kirism 代表着追求完满，是责任感与个人主义的突出体现，表现为强大的自我意识和有意义的生活，故译为"自塑主义"。

论，旨在解决大家都会面对的切实存在的人生挑战，相信大家只要稍做了解，必会发现它的趣味之处，甚至能感受到其对人生的重大意义。

言归正传，关于让坚持变得的简单的日常练习，先从一个简单的前提开始：你有一些切实的愿望想要实现。在多数人的愿望中，一般都有一个是需要通过每日或者定期练习才能实现的。这类愿望有很多，从组建网上业务到创作一本小说，从健身到演奏乐器，从成功戒瘾到病后复健，等等，无一不需要日积月累的练习。许多人都有不少类似的待办事项，只要他们每日或者定期投入精力和时间，必将受益匪浅。

但与此同时，人们往往发现，培养并坚持一项习惯简直难于上青天。我曾从事过治疗师的工作，近30年又专注于创作导师事业，所以经常会与创作家和表演家打交道，也遇到了无数想要定期完成创作，但最终无法如愿的客户。他们总能找到托辞：太忙了，没时间，总是被干扰，等等。但是，在内心深处，他们明知自己本可以做得更好。那么，究竟是什么阻碍了他们去做自己热爱或者真正需要做的事呢？

其实，导致他们难以坚持的原因有很多，比如思想和目标并不统一，想做的事比预想的要难得多，练习的成果迟迟不出现导致动力不足，可能只是一时兴起而非真的想致力于此，等等。总之，要论难以坚持日常训练的原因，那有很多（本书下部将对其中的18个挑战进行分析）。

每天坚持练习听上去太过严苛，可实际上，这正是实现自由的方法。

自由，不是伸手去索取的，而是靠双手去创造的，是通过坚持修行得来的。

——一行禅师[①]

坚持日常练习，对于大家克服困难、培养恒心，大有裨益。那么，这里所说的日常练习究竟是指什么呢？虽然大家对日常练习的概念可能没有深刻、清晰的认知，但直观的理解还是有的，大家可以试想以下场景。

假如某人告诉我们，他正在备战马拉松、拳击赛或者高空攀岩比赛，我们的脑海中立刻就会闪现出他刻苦训练的场景。我们会想象，他一定每天都要训练，即使偶有倦怠，也不能有一丝松懈；他还要控制饮食，放弃他非常喜欢吃的冰激凌；他会设想自己的成功时刻，还会用其他方式说服自己保持积极的心态。我们会设想，他一定严格地操控着自己的身心，以目标为导向全力冲刺。当然，他在逼迫自己不断前进的过程中，可能需要克服持续多日的厌倦情绪。

武术家带给我们的则是另一番印象。说到他们，我们会想起君子之风：无论是进入武馆，还是在赛前面对对手，他们都会鞠躬致意。我们还会想起内劲之美：他们会适时喊叫，运气调动身体，专注于某个特定动作或者一套拳法。我们还会联想到他们身体力行的那套价值体系：以尚武为核心，但绝不逞凶斗狠，而是克己慎行、退避忍让。

---

① 译者注：一行禅师（1926年10月11日—），越南人，现代著名的佛教禅宗僧侣、诗人、学者及和平主义者。

还有孜孜不倦的思考者，他们穷极一生思考不辍、解惑不止，他们所投身的领域，一定与揭示自然道法相关，可以是探索疾病的治疗方法，也可以是发明更好用的捕鼠器，等等。在我们的想象中，这样的思考者一定是自主之人，即使需要与同行者背道而驰，他也会坚定地选择自己的道路；他一定是求知若渴、迎难而上之人；他一定会表现出极强的韧性与决心，每当谜题被解开，他总会兴奋地欢呼着"我找到啦！"，信念感更是只增不减。

　　假如有人说，她一生都在为释放政治犯而四处奔波，我们又会联想到什么呢？我们的脑海中会浮现这样的场景：她日复一日地坚守着自己的信念，即使备受挫折与冷眼，也从不退让分毫。在我们的想象中，她应该是不苟言笑的，在她作为人权活动者的一生中，恐怕鲜有胜绩，但我们能够理解，她为何会怀抱着一腔孤勇，毅然投身于这项事业中，能够理解她为何选择用这种方式度过宝贵的一生。

　　日常练习是通往自由的必经之路，也是拯救半途而废的不二法门。

　　我知道，"功夫不负有心人"这句话，在你看来一定是老生常谈了，但这的确是不变的真理。要想变得优秀，唯有练习、练习、再练习。

　　　　　　　　　　　　　　　　　　　——雷·布拉德伯里[1]

　　假如我们在鸡尾酒会上结识了一位女性，并得知她已经创作并出版了20本小说和30本纪实类书籍，我们又会联想到什么呢？首先浮现

---

　　① 译者注：雷·布拉德伯里，美国科幻作家，代表作有《华氏451度》《火星编年史》等。

于脑海的一定是她的生活方式。我们会想象，她时常定期（甚至可能每天都）与代理商、编辑、宣传人员等图书市场营销人员打交道；我们的眼前，还会浮现她参加签售会、接受采访和四处推广作品的忙碌身影。即使她特立独行，想方设法推掉了上述所有的交际应酬，我们也可以确定：无论什么日子，无论当天她做没做其他事，有一件事她是必定做的，那就是写作。

在上述每个例子中，我们都能凭直觉想象出每个人背后的努力付出，但当轮到我们自己要培养并坚持日常练习时，仅凭这种直观的理解是远远不够的，而本书就是为大家"填补这一空缺"的。在上部中，将对让坚持变得简单的20个关键要素进行一一阐释与说明。在中部中，将从多个维度来探讨各种各样的日常练习。在下部中，将审视在练习中时常遇到的多个挑战，并找出应对之策。相信有了这本书的指引，大家将顺利培养起适合自己的日常练习，即使面对逆境，也能一一化解，坚持到底。

一点提示：建议大家在开始练习前，务必通读全书。因为这样做，可以使你先从整体上对练习的要素、种类及可能遇到的挑战有所了解，再开始练习将会事半功倍。当然，大家尽可自行选择阅读顺序，但我认为，上述建议不失为一种明智之选。

上部：让坚持变得简单的20个关键要素

想让自己能够持之以恒，我们需要日常练习。日常练习若能涵盖若干关键要素，大家往往更容易坚持。在上部中，我们将一起看一下，这些能让坚持变得简单的关键要素。

水分子，在我们眼中是水，而不是电子、质子、中子。尽管没有这些组成成分，它就不可能成为水分子，但我们还是会将其视为水，而不是各种成分的集合体。同理，日常练习也是如此。甄别和思考练习的组成要素是有意义的，但重要的依然是整体、是练习本身。

什么是日常练习？它是你认真对待生活的一种方式。它可以是一次深呼吸、一个想法，甚至是静享的片刻。它也可以是你日日不断地向你所向往的领域投入的关注与努力。它好似寂静苍穹中一颗孤星的恣意绚烂，它是你日日的勤学苦练、专攻有术。

如果你醉心于诗歌创作，那么你的日常练习就是写作。通过写作，你可以将创作热情化为一首首诗歌。你的写作练习就是每天都奔向你的人生挚爱之一——诗歌。你端坐案前，执笔徜徉于诗海之中，如此朝朝暮暮、日日年年，这就是一种写作练习。

你究竟在练习什么？是谓"尽人事"也。究竟如何练习？即遵从自己独创之法门，潜心练习。如何应对焦虑与畏难情绪？努力控制焦虑情绪，坚持练习，砥砺前行。

究竟从哪儿开始练习？千里之行，始于足下。无论你是尚缺历练还是娴熟有余，无论你是焦虑不安还是平和从容，无论你有没有准备好，都请即刻出发。或许你想留待他日再开始练习？不，就从此刻开始，迈出你的第一步。

如果你的内心有个声音在说："何苦呢？"可别小看这一句话，此话一出口，意味着你在心底是质疑自我存在的价值的，意味着你坚信万般皆是过眼云烟，到头来都是一场空，这一句话令你在现实面前疲态尽显。当你听见自己说"何苦呢？"，接下来的一天很可能就成了没有练习而被荒废的一天。相反，你也可以予以反驳，肯定自我价值，坚持练习。

那么，练习的要素有哪些呢？我总共罗列了20个：入静，从简，定时，认真，取乐，坦诚，自主，投入，轻松，专注，仪式感，快乐，自律，虔诚，重复，创新，自信，热爱，优先，善终。我将在上部中对这20个要素依次进行阐释。当然，对它们大家也可以有自己的理论见解，或者在解决每章末尾提出的问题的过程中，形成独特的实践认知。

乍一看，一项小小的练习所含的要素竟多达20个，这难免会让人心中打鼓，觉得培养一项日常练习太过烦琐。但事实并非如此，毕竟所有这些电子、质子和分子归根结底还是统一于水的。最终，你需要日日练习的，不过是投身于你认为重要的事业中。

关于日常练习的要素，知而不执是为智，大家只要坚持练习就好。只有当你在日常练习中遇到阻碍时，才有可能需要认真考虑这些要素。如果一切进展顺利，你根本无需自问"那你快乐吗？"或者"那种程度的投入可以吗？"，因为一切都是水到渠成的！

假如在练习的过程中，成效不断显现，那么你根本无需考虑要素的问题。只有当成效迟迟未见时，你才需要想一想，是否下部中罗列的某个挑战正在逐渐显现，或者是否应该逐一审视练习的要素。

中部：17个日常练习，拯救坚持不下来的你

在这一部分中，我们将探讨各式各样的日常练习，更确切地说，应该是日常练习在不同领域的不同表现形式。

无论你想制定的是创作练习还是瑜伽练习，是想进行康复训练还

是培养解决问题的能力，构成练习的基本要素都是一样的，它们的不同之处在于练习的内容和关注的重点。有些练习属于行动模式，以完成目标为目的，比如写作或者雕塑；还有些则属于存在模式，多以修身养性为主，比如禅定修行。所以，不同练习的表现形式可以是千差万别的，但它们的基本要素都是一样的。

也许你在许多方面都资质平庸，但日日精进，则无有不成。

我一直认为自己就是个普通人，唯一不同的是，我可笑地、近乎疯狂地痴迷于不断地练习，使自己时刻都准备着。

——威尔·史密斯

大家可以按照以下步骤，培养并坚持各自的日常练习。

- **通读上部内容，熟悉让坚持变得简单的关键要素。** 如果愿意的话，你还可以从自己的角度来理解这20个要素，使它们融入你的思想体系。在这些要素中，有几对看似是矛盾的，比如认真与放松、快乐与自律、重复与创新。大家可以思考一下，这些对立的要素是如何实现共融的。从长远的角度来看，大家花些时间对这些要素进行逐一探究，是有好处的。

- **通读中部内容，了解你可能进行练习的领域。** 首先，你可以列一张清单，把可能进行的练习都写上去。然后，你可以研究一下这张清单，找出适合你的练习。经过一番思索，你可能会发现，清单上的某些练习可以以某种方式合并起来。例如，你预想的节食练习和健身练习，或许可以统归为养生练习。

- **确定是只专注于一种练习还是多种练习同时进行。** 可能你只想专攻写作，也可能你想练习写作以实现自己选择的人生目标，同时想开始健康训练以实现自己选择的另一个人生目标。那能不能同时进行3项或者更多的日常练习呢？当然可以，但你在制订更多练习计划之前，先看看自己前一两项练习的成效再做决定会比较好。

- **自述练习内容**。练习的内容究竟有哪些？目标导向是什么？是每天定时还是不定时？如果不定时，那么是否将其作为晨起例行审视人生目标的一部分，或者以其他方式在每天早晨都正式地制订当天的练习计划？你也可以浏览组成练习的20个要素，向自己逐一解释每个要素是如何体现在自己制订的练习计划中的。也就是说，如何保持练习的简单性？如何在练习中保持坦诚？如何提升专注？以此类推。同样，你也可以设想，如何通过增强自信、增加练习的仪式感和采取其他的自主活动，进一步推进自己的练习。总之，你所设定的日常练习越清晰、越具体越好。

- **开始练习**。读完本书，你便可择日开始练习了，宜早不宜迟。如果当天未能如愿进行，便改为第二天再开始。尽早着手练习，并努力使练习成为你日常生活的一部分。倘若发现自己迟迟无法开始练习，或者难以坚持，就去重温本书的下部内容，看看能否找出症结所在，然后对症下药，尽力去寻找应对之策。

- **随时监控**。练习的哪些方面是你比较喜欢的？不喜欢的方面呢？你的练习是否与目标保持一致？部分要素是否有所遗漏？如果你觉得有必要的话，也可以用日记的方式来监督你的练习过程。你可以在日记中记录目标的完成情况。假如你有设定目标的话，还可以记录哪些环节是有效的、哪些是无效的。假如某天你停练了，你还可以在日记中详细地分析停练的原因，并保证第二天一定恢复练习。

- **及时调整。**刚开始练习时，可能一切顺利，但在之后的练习过程中，很可能需要进行微调，甚至做一些重大调整。你可能需要更换练习的场所或者调整时长，甚至可能需要变更练习的种类、重点和内容。此时，你应深思熟虑，一方面不要轻易放弃最初制订的练习计划，另一方面及时采取必要措施随机应变。

- **逢山开路，遇水搭桥。**假如你在练习中感到驾轻就熟，那自然很好，但现实往往无法如愿，困难总是无法避免的。几乎可以肯定的是，困难一定会出现，所以千万不要一遇到挑战，你就借机打退堂鼓，放弃练习，而是应该实事求是，确定难点所在，找出可能的应对之策并及时调整。将挑战视为练习的一部分，正视练习过程中出现的一切状况，并及时处理干扰或者可能干扰练习进程的一切问题。

- **练习中断怎么办？继续就好。**假如练习中断了一天，完全不必大惊小怪，第二天重新开始就好。但是，假如中断了很多天呢——这种情况很容易导致练习逐渐被搁置直至彻底放弃——那你就需要用心地、有意识地、正式地重新开始。而设置"安全期"可以有效避免长期中断的情况发生，比如你可以将中断的时间期限定为2天或者最多不超过3天。当中断的天数接近这一期限时，你就要高度重视，第二天就该恢复练习了。当你在放弃的边缘徘徊时，这个小技巧也许能令你悬崖勒马，重回练习的正途。

- **如果你制订了多个日常练习计划，请每个都认真执行。**你的第一项练习也许成效颇丰，可第二项就未必如此了。每项练习都有其独特的练习条件、要求和困难点，千万不要有"好吧，至少有一项练习是有效的"这样的想法，千万不要以此为借口放弃其他练习，你要坚信每项练习必定有其存在的价值。你制订的多个日常练习计划很可能是对应着多个不同的人生目标，每项练习都有其自身的价值。既然选择了开始，请务必认真对待，每项练习都当如此。

- **长期坚持。**日日练习将会令你受益终生，愿大家都能体悟到练习的真谛，并终生保持至少一项日常练习。但人生总会有意外情况。当危机降临，你全然无心练习时，是否还能警醒自己莫忘初衷，你能否未雨绸缪，提前备好应对之策呢？大家不妨现在就对这个问题稍做思考，毕竟当你真正身处风雨飘摇之际，哪里还能有心情去考虑即将放弃的每日练习呢。

- **将日常练习作为自塑主义的一部分。**自塑主义并没有规定或者要求必须进行某种特定的练习。相反，每位自塑主义者都应自觉创立适合自己的练习。但我认为，对于自塑主义者而言，培养并坚持至少一项日常练习绝对是十分明智的，因为这将有助于他们实现人生目标，实现自我存在的意义。若想要进一步了解坚持练习与自塑主义之间的关系，可访问kirism.com。

那么，坚持练习之人有何特殊之处呢？我们以演员为例。坚持练习的演员会更加认真地打磨自己的演技，更加认真地挑选角色，更加认真地对待参演的作品，更加认真地做好准备工作。无论是拍摄新的头像照片、创建个人主页，还是模仿人物口音，无一不是兢兢业业。

每一天，他都会考虑如何分配自己的时间和精力，主动投入到有意义的事情中，要么有助于自己的事业发展，要么有助于丰富自己的人生。他不会担心试镜结果，全力以赴即可。他不会只在心血来潮的时候，才打几个业务电话，而是定期联络合作伙伴，始终保持联系。他会对角色精挑细选，只接适合自己的角色，哪怕这样的角色少之又少。他还会实事求是地评价自己的努力，若发现自己有所松懈或者不够积极，必定加倍努力。他就是以这种或者类似的方式坚持练习的。

修行是提升思想的一种方式，是谓"知行合一"。

夫入道多途，要而言之，不出两种：一是理入，二是行入。

——菩提达摩[①]

下部：准备好了吗，接受挑战吧

坚持每日练习，也可以很简单，你可以每天轻轻松松地就去练习写作、开展网上业务或者拿出瑜伽垫开始练习，没有抱怨，没有犹

---

① 译者注：菩提达摩，南印度人，南北朝禅僧，略称达摩或达磨，意译为觉法。据《续高僧传》记述，南印度人，属刹帝利种姓，通彻大乘佛法，为练习禅定者所推崇。

豫，完全心甘情愿，因为这是你想做的事。

若能进入以练习为乐的人生境界，那自然是一桩幸事，可对于我们中的多数人来说，这是无法实现的。我们大都在日日练习的苦海中挣扎着，绝大多数人最终都选择了放弃，哪怕是已经坚持了数月甚至数年的，也没能"守得云开见月明"。这种情况多是由于在练习过程中出现了强大的阻力，动摇了练习的定力。

本书下部将着重介绍在日常练习中常见的18种挑战。当然，在具体实践中，大家遇到的挑战远不止这些，但这18种绝对是最具代表性的。假如你发现自己的练习态度有所松懈，想及时恢复状态的话，就必须做到以下几点：

1. 承认自己的练习出现了危机，需要高度重视；

2. 找出症结所在，分析具体情况；

3. 无论归结出的结论如何，即刻着手解决、改进；

4. 恢复练习，哪怕你无法找出问题所在，哪怕你束手无策。

毕竟，一个断断续续、出了问题、掺了水分的日常练习，还是聊胜于无的。不过，最好还是能进行有效练习，当出现任何问题时，能够准确识别，迅速解决并改进。

若要应对那些挑战，你就得储备一些应对策略。在帮助客户解决难题时，我一般会有针对性地提出几个策略。在我的脑海中，贮备着许多不同的策略，但我不会把它们列成清单，然后一股脑儿地扔给客户，相反，我会根据具体的对象、情况和问题，提出相应的策略。以下七个是我经常用的策略。

1. 认知辨析法。我常常建议客户，要把控制思维的首要目标定为"只想对自己有益的"。我会向他们解释什么是"只想对自己有益的"，并提供一些可以实现这一目标的策略，比如简单易行的三步法：倾听内心的声音，驳斥无用的想法（不，你这想法，对我没用！），用更积极有益的想法取而代之。如果大家对这种方法感兴趣的话，可以去看看我的另一本书——《针对聪明人、敏感者和创作者的60个新颖的认知策略》。

2. **呼吸思考法**。深呼吸可以给人带来生理上的益处，而正面的思考则有益于心理健康和情绪稳定，将两者结合起来必将发挥奇效。具体做法是：在深呼吸的同时配上一句自我勉励的话语，可以说出来也可以只在脑海里想着，吸气时配合着前半句，呼气时配合着后半句。我还给这些呼吸思考组合搭配了许多句口诀，并在我的著作《十秒禅语》中着重介绍了一些特别有用的句子。例如，"天生我材必有用""天必助我""纵是疾风劲雨时，我自泰然处之"，这些句子会帮你提振士气、减轻焦虑感，当然你也可以自创口诀来达到同样的效果。

3. **焦虑管理法**。当我们在练习中遇到阻力时，焦虑感会令我们想要逃避现实，继而中止练习。因此，掌握一些对自己行之有效的焦虑管理法，就显得十分必要了。在这类方法中，可供选择的有很多，比如消遣放松、目标想象、运动解压（通过运动排除焦虑）、重新定向（放弃不断增加焦虑的方式，转而选择较温和的方式）、导归正见（类似于佛教中的思想超度），等等。掌握一两个这样的方法还是有必要的。我在《驾驭创作焦虑》一书中，对焦虑管理法有更详尽的介绍，有兴趣的读者可以参阅。

4. **日记攻坚法**。用记日记的方法来解决练习中出现的问题，分为以下八个步骤：①找出问题；②分清轻重缓急；③确定核心问题；④弄清发展趋势；⑤留意哪些潜在的弊端暴露出来了；⑥找出你的优势所在；⑦统一你的思想与目标；⑧统一你的行动与目标。通过用笔记录的方式，仔细分析遇到的问题，重新制定一些适宜的目标，然后将思想行为与之相统一。这样一来，日常练习中遇到的问题几乎都可以迎刃而解。

5. **睡眠思考法**。对于客户和讲习班的学员，我时常建议他们用睡眠思考法来解决问题，当然也包括日常练习中的问题。顾名思义，睡眠思考法就是把问题交给你处于睡眠状态的大脑。假如你在睡前，给大脑一个睡眠思考的提示，比如"我想知道日常练习需要我做些什么？"或者"我想知道自己为何会逃避日常练习？"，那么当你睡着后，你的大脑就会开始处理这个问题，并且往往会在第二天早晨给出清晰的答案。如果起床后，你能花些时间整理那些想法，就会更有效果。睡眠思考法对于解决难题效果显著，建议大家试一试。若要了解更多，可以看看我的《睡眠思考的魔力》一书。

6. **人生目标法**。当你将日常练习放入宏观的人生背景中去审视，在渴望实现人生目标的理想面前，人生目标法能帮助你保持进取、专注，坚持练习。对于每位自塑主义者来说，确定人生目标，找到借由日常练习实现目标的方法，是自己给自己设定的重要任务，也是须恪守一生的严格要求。毕竟如果我们对自己都没有要求的话，谁还会来要求我们呢？假如你对从一个人生目标向多个人生目标转变感兴趣，或者想了解实现目标的方法，请参阅我的《人生目标训练营》一书。

7. **自我塑造法**。在过去几十年间，我总结出来一套人生哲学理论，对关于我们是谁和我们应该如何生活的问题提供了若干新思路。当你在日日练习中遇到挑战时，最好的应对方法也许是将练习融入一套全面的、宏观的人生哲学理论中。假如你对此感兴趣可以访问kirism.com，在这个网站上，你可以免费获取许多相关资源，包括一份《自塑主义者生活指南》和介绍自塑主义的第一批次的12本书。

在本书下部中，将详细论述我的客户们是如何试着解决在日常练习中遇到的挑战的。假如大家在练习中也遇到了难题，希望这一部分内容能帮助大家找准症结、对症下药，帮助大家顺利渡过难关。

缘起

50多年前，我作为教官，带领着跟我年纪相仿的小伙子们，在新泽西州迪克斯堡基地日夜训练。过去几十年间，我的身份从教师、讲习班负责人、心理治疗师到咨询师、导师，所做的事无一不是引人得道、导人向善。最大的感触就是：人们常发现得偿所愿很难，坚持完成目标更难。

另一大感触是：人们发现培养自己的恒心难上加难。那就让我们借助日常练习的巨大力量改变这一状况，进而实现有意义、有目标的富足人生。

我希望这本书所给予你的，不仅是一套自我激励的方法，还能引领你走上终生自塑的道路，因为我坚信，自塑练习一定会使你的人生更美满。当然，本书的主旨并非介绍自塑主义，想了解关于自塑主义的更多内容，还请关注kirism.com。退一步讲，无论你是否想了解自塑主义，都请务必认真考虑坚持一项日常练习。

坚持日常练习，并将练习融入生活之中，可以赋予你强大的力量，也许在做事情时，你曾经无数次想放弃，但我想说，也许你看了这本书，有些想法就会从你的脑海中删除。日常练习能帮你实现具体目标，比如完成小说写作或者建立在线业务。但是，它的作用远不止于此，它将帮你过上理想的生活，其重要性不言而喻。

你应该练习什么呢？向往什么便练习什么。

我为什么要练习慢跑呢？我已经知道怎么跑得慢了，我需要学习的是如何跑得更快。

——埃米尔·扎托佩克[①]

---

① 译者注：埃米尔·扎托佩克（1922年9月19日—2000年11月22日），出生于捷克斯洛伐克，20世纪最伟大的长跑运动员。

如何拯救半途而废者的常见问题

问 可以让坚持变得简单的日常练习到底是什么？

答 日常练习是指你每天都按部就班地以某种形式进行的重要的事。如果对你十分重要的事不止一件，你也可以多项练习同时进行。例如，同时坚持写作、戒酒、瑜伽 3 项练习。每天的练习时间，需要你真正投入精力、保持专注，练习过程有明确的起止时间，还含有若干要素，上部对此有详细阐述。

问 如此说来，日常练习不就相当于每天坚持写作或者坚持冥想吗？

答 也不尽然。如果你每天都坚持写作或者冥想，的确很可能是在坚持日常练习，但两者还是有区别的。日常练习的时间是你专门抽出来的一段时间，用来做任何事都可以，重点在于这是你有意另辟出来的时间，在此期间，你可以做任何你认为重要的事。它好似你梳妆台上的一个小抽屉，专门用来保存贵重物品，这里面放着的一定是与众不同的物品。这个抽屉里的物品可能会改变，有时抽屉甚至空空如也，但你一定不会把无关紧要的物品放进去。无论如何，这个抽屉一定是有别于其他抽屉的，它可以是特别的，也可以是神圣的。设想一下，有这样一个专门的小抽屉，里面时而装着一件物品，时而又换成了另一件物品。而这个小抽屉，就像日常练习的时间。

问 我们需要坚持，需要练习的内容可能每天都会变吗？又何来日积月累的力量一说呢？

答 从理论上说，日常练习的内容的确存在频繁甚至每天都发生变化的可能，但实际上并不会如此。它不会随意改变，不像换个方式或者改变想法那么简单。因为日常练习的初衷是为了完成一些大事——实现你的人生目标，而一个人的人生目标，虽然有改变的可能，但并不会每天都变。假如你的人生目标之一是创作一本小说，这个目标就不会每天都变；假如目标是戒酒，也不会每天都变；假如目标是捍卫自由，更不会每天都变。只要目标不变，日常练习的内容就不会变。所以，你会日复一日地奋笔疾书专心创作那本小说，你会日复一日地坚持戒酒，你会日复一日地四处奔走呼唤自由。练习所迸发出的源源不断的力量，正是来源于你渴望实现人生目标的初心。

问 一次练习需要多长时间呢？

答 无所谓长短。短短半分钟的反复呼吸思考可以算是一次练习，持续几个小时的写作或者钢琴练习也可以算是一次练习。你还可以每天进行3项不同的练习，每项练习的时长都不一样。假如你全心全意为人生目标而活，你甚至可以无时无刻不在练习，于你而言，生活就是练习，你的人生就是由一系列练习组成的。从功能性的角度来看，这意味着你时刻都在朝着人生目标前进。

问 在那些帮助我们把坚持变得简单的日常练习中，我需要具体做些什么呢？

答 人类能做的你都能做。你可以坐在桌前写小说，可以练习某种乐器，也可以设想自己不计前嫌原谅敌人或者练习仁慈之心。你可以做些与创业相关的事，可以学着修持知足，也可以来一次心灵之旅。你可以每天都去看望年迈的姑妈，可以冥想、练习瑜伽或者打太极拳，也可以花一小时进行活动。总之，只要是你认为重要的事，尽可作为日常练习的内容，短至两分钟，长至两小时，都将使你日日精进。

问 日常练习必须独自在家进行吗？

答 绝对不是。事实上，你完全可以制订一项必须在公共场合进行的日常练习计划，比如人格提升练习，它需要你即时地当众展现出你的新人格。你的日常练习也可以是在午休时间真正地放松，或者去托儿所做义工，甚至在附近的公园演唱民歌。总之，日常练习可以在任何地方进行。

问 日常练习一定是要完成某件事吗？

答 这取决于你对"行为"或者"存在"的界定，即在你看来，做到心定、知足和热忱，是一种行为还是一种状态。假如你的日常练习是围绕着散播仁爱或者练就宽恕之心，这算是一种行为吗？但是，无论如何界定"行为"与"存在"，有一点是肯定的，那就是你的日常练习完全不必局限于跑1英里（1英里＝1.609 344千米）、写1000个字或者打10通业务电话等具体的"行为"。

问 培养恒心，让坚持变得简单的要义是否在于反复练习、日日精进、终有所长？

答 这取决于你练习的具体内容、意图和目标（不设目标也算是目标）。例如，假如你的练习内容是增进与姑妈的感情，你每天下午都去看望年迈的姑妈，那么这种练习就不是为了获取一技之长或者提高技能。假如你每晚都抽出一个小时写剧本，那么你很可能是希望自己的剧本能够日臻完善。在这两个例子中，各自练习的要义是显而易见的。

问 日常练习是否与佛教或者其他宗教修行、精神修行有关？

答 并非如此。经过几十年的研究，我总结出来一套人生哲学理论，并称之为自塑主义，下文中我将试着解释日常练习与自塑主义之间的关系。但总体来说，日常练习绝不是依附于任何精神修行、宗教修行甚至自塑主义而存在的，它是一种完全独立的、于人生有益的练习。打个比方，有些哲学或者宗教会要求信徒必须每天冥想，但你进行冥想练习并非是为了满足这一要求，而是因为你想这么做，这是你自觉自愿的决定，从这个想法的产生到执行都完全取决于你。

问 每天必须保持相同的练习时长吗？

答 不一定。假如你在坚持写小说，你可以今天写20分钟、明天写4小时。再比如，假如你在坚持戒酒练习，每天都去参加戒酒者互助会，有天离家较远，可能来回要花3小时，而某天赶上离家近的，可能不到1小时就到家了。又比如，某天你可能做了全套的冥想练习或者全套的瑜伽练习，但第二天你可能只做了一套精简版，原因可能是时间有限，也可能是精简版更适合你。当然，出于保持连贯性和高标准的缘故，你可能会要求自己每天都坚持相同的练习时长，但时长问题因人而异，不做强求。

问 必须严格按照每天一次或者在每天同一时间练习吗？

答 都不是。不过，你可以遵照上述两点来练习，你也有充分的理由这么做。虽然每天定时练习，的确有利于习惯的稳固，产生巨大价值，但不定时练习也无可厚非。假如你在坚持写作练习，那么周一练1次，周二练3次，周三练2次，或者周一早上6点练，周四晚上9点练，诸如此类，又有何不可呢？诚然，如果每天不在固定时间练习，的确会增加练习的难度，但是如果变换每天练习的时间和次数能够提高你的效率，那么你当然可以选择适合自己的方式。

问 能否提供一个日常练习的范例？

答 不能。练习没有范例可循，也不可能有。因为范例一出，必成僵化教条，关于练习是坐还是站，是1小时还是1分钟，是在室内还是户外，等等，都会被一一固化。虽然描述我的日常写作练习并不难，但它对你应是毫无意义的。即使你知道，我是练笔10分钟还是10小时，那又如何？即使你知道，我在下笔前是喝杯茶还是大喝一声，那又如何？如此种种，当作趣事听听即可，切勿盲目效仿。我将在下文中对构成日常练习的要素进行详细介绍，这将真正有助于你制订自己的日常练习计划。但无论如何，可以直接效仿的范例是不存在的。

问 为何要煞费苦心进行日常练习呢？

之所以要"自讨苦吃"，是因为"自弃者，天弃之"。生活不易，没有谁的人生不是千难万险，我们要保持健康的身体、稳定的情绪，要完成创作，要赚足够多的钱令自己满意，要学会放松，总之，我们无时无刻不在面对着多重挑战。只要我们通过日常练习直面挑战，生活中的每一个问题都将被部分或者完全解决。所以，现在就开启你的日常练习吧，看看会有什么惊喜。 **答**

让坚持变得简单的 20 个关键要素

//////////////////

在这一部分中，将讲述让坚持变得简单的20个关键要素，正是它们的共同作用，才令日常练习拥有了所向披靡之势。在这些要素中，每一个都发挥着独特的作用。在每章结尾处，我还会提出几个令人深思的问题，供大家深入思考。我认为，大家花些时间来思考这些问题，绝对是有好处的。

对我们每个人来说，有些要素是自然存在、与我们的脾性相契合的，而其余的要素则需要我们刻意去添补。比如，有的人可能对仪式感没有概念或者偏好，但也有人习惯于生活中有仪式感的存在。再比如，有的人可能一向高度自主，却在做事的过程中难以收获快乐；还有人觉得自己的性格更适合做重复性的工作，而不擅长创新。

如上文所述，我们对各个要素的接受度是不一样的，而这种差异的存在既是自然的也是必然的。这一部分就为我们提供了一个机会来思考这些差异，思考每个要素所独有的价值，思考它们为何值得你去培养。你还有机会去制订日常练习计划，发展那些你不太适应的要素。重要的是，这一部分让你有机会揭开要素的神秘面纱，一睹让坚持变得简单的20个关键要素的芳容，这于你而言甚至可能是第一次，但愿结识它们，能令你不胜欣喜！

入静

　　所谓日常练习，顾名思义就是我们日日认真对待、明确区别于一天中其他事务的活动。日常练习有清晰的起止时间，全程始终保持最佳的自我状态，即真正知道如何以目标为导向正面思考，并意识到积极的思想不仅影响着每日练习，还能对实现目标的大局产生长远影响。

　　日常练习的要素之一，我称为入静。也就是说，你需要一个起始点来开启一项明确的、可描述的日常练习，诸如写小说、弹钢琴、练习瑜伽或者居家创业。即使你的日常练习内容抽象如冥想，你也得借由一个入静的过程，告知自己已经真正开始日常练习了。

　　你可以通过一些特定的仪式来实现入静，当然也可以直接入静，但你必须得清楚地意识到自己的日常练习已经开始了。假如你是私人厨师，此刻你已正式开始为你的客户研发菜单；假如你是演员，此刻你已正式开始学习准备试镜的作品；假如你是瑜伽老师，此刻你已正式开始备课。总之，你必须得意识到，自己已经开始日常练习了。

　　入静的方式也可以很简单，比如挑1只你喜欢的杯子，用它来泡咖啡。我就有6只心爱的杯子，分别来自布拉格、柏林、纽约、罗马、巴黎和萨凡纳，我就很享受挑选"每日一杯"的过程。简单的入静方式还有很多，比如听听音乐，在写字台前放空片刻，或者给书房的绿植浇浇水。通过每天重复相同的入静方式，可以增强日常练习的信念感。

你可以等，等到自己的身心一切就绪，等到万无一失，再开始练习。或者也可以，即刻开始。冥想练习意在当下，冥冥而想之时，你便已是自敬自爱之人。

——佩玛·丘卓[①]

谢丽尔，我授课、辅导的学员，她说对她有效的是：

"我的入静仪式是每天早晨5:30准时起床，然后走进书房，点一盏柔和的小灯，打开电脑。接着，我会走出书房，把需要在书房外完成的工作都做完，否则在我进行写作练习时，这些工作会使我分心。办妥一切之后，待我再回到电脑前，已经是6:15，我便边吃早餐边写作。假如事后我都不记得自己吃过早餐，那定是一次完美的写作练习！写作练习通常会在7:15结束，我的小狗会适时地溜达进书房，提醒我该结束写作练习了，它真的知道时间！结束之后，我会速记一些要点，便于第二天知道该从哪里继续写，然后关上电脑，出门遛狗。"

另一位学员——瑞秋，自创了一个入静仪式，既精致又优雅：

"开始居家办公，令我省去了每日通勤的麻烦。可奇怪的是，我逐渐意识到，以前通勤就像是上班前的一种仪式，而如今自己竟开始怀念这种仪式。于是，我每天给孩子准备午餐和点心时，也给自己打包一份简餐、一大壶咖啡和一瓶水。我还会在工作室里摆上鲜花，每

---

① 译者注：佩玛·丘卓，创巴仁波切最杰出的大弟子之一，北美第一座藏密修道院甘波修道院院长，是现代人身心修持的精神导师。

周一都焚香净化空气，为新一周的工作打气。不仅如此，我还用童年时陪伴我的宠物猫的照片做了一个小祭台，还写了一份祈祷词与之相配，只是不知道自己究竟是祈祷小猫能早登极乐，还是祈祷自己能灵感迸发？在开始写作练习前，我会进行一分钟的专注呼吸，然后默念祈祷词。这些听上去可能有点怪，但我清楚这样做确实有助于我凝神静气。"

学员尼雅则介绍了一种十分与众不同的入静方式：

"由于某些原因，我并不在乎仪式感。不过，我一直坚持用电子表格记录日常练习的起止时间。虽然有些枯燥，但时至今日，这个方法已经帮助我成功坚持日常练习数年了。表格计时法基本就相当于上下班打卡，虽然有效，但是……我觉得用这种方式开始日常练习，总会带着一种沉重感，所以我准备改用轻快一些的方式。我能够想象得出，轻松愉悦地入静会是怎样美好的画面，所以我打算试一试'挑水杯入静法'，因为那会令我愉快微笑。不过，我得先去买几个新的水杯，但那又何妨，买水杯的过程同样有趣啊！当然，对于'旧爱'——表格计时法，我也不会嗤之以鼻，毕竟我是靠着它才坚持日常练习数年的。"

自塑主义者在思考时，往往会从多重人生目标的角度出发，而不会被局限于人生只有单一目标的想象里。假如这一点引起了你的共鸣，你也可以考虑用以下誓言或者自创一句类似的来作为你的入静仪式。这段誓言有点长，你也可以将其浓缩为一句"我的日常练习是为自己的多个人生目标服务的"。以下则是可作为入静誓言的完整内容：

"我自愿选择，将努力实现所有的人生目标，而努力的方式之一就是制订日常练习计划并坚持日常练习。通过日常练习，我将会精通一些事务，取得一些成就，但这些都是额外的收获、意外的福报。我坚持日常练习的主要原因是，日常练习能极大地帮助我实现多重人生目标，令我为自己付出的努力而感到骄傲。写完小说、演奏出优美的小提琴曲、居家创业成功、做到每日冥想，这些固然很美妙，但更美妙的是我在努力实现人生目标，向自己的人生致敬。"

可供选择的入静方式数不胜数。你既可以借助构建意象来入静，比如想象有一辆小轿车，正轻轻松松地平稳发动、缓缓而行；也可以用某种带有仪式感的方式来关上书房的门；还可以哼唱一首有意义的赞美诗或者颂歌。但有几个要点要切记：① 入静是日常练习的要素之一，不可或缺；② 每天都以相同的方式入静，有助于你的日常练习；③ 若难以制订或者坚持日常练习计划，重点考虑是否入静方式存在问题。

深思细悟

1. 在你看来，"以具有仪式感的方式开始日常练习"指的是什么呢？

2. 你会选择以何种方式入静呢？

3. 是否还有其他可能的入静方式呢？

从简

以我的经验来看，日常练习越简单易行，功效就越强大，坚持日常练习的可能性也就越大。坚持从简的原因之一是，任何一点难度或者烦琐都能形成极大阻力，使你难以坚持日常练习。

每天早晨，你可能会选择继续写作，也可能不会。因为一方面，你是想要写作的，而另一方面，你对目前的书稿又有许多不满之处。这些不满情绪会令你产生一种沉重感，并很可能成为你写作的阻力。但是，如果你能简化写作练习的形式，用诸如"我每天都写作"这样超级简单的口诀来入静，那么即使感到压抑，当天完成写作练习的可能性也会大增。

试想，你的心情已经很沉重了，还得面对复杂的练习形式，要达到多项要求（比如每天要写1000个字），还要满足多个可变条件（气温正好是68华氏度吗？光线是从东边照进来的吗？隔壁的公鸡是叫了3次吗？），压抑的情绪加上烦琐的形式，足以令你放弃一天的写作练习。

从简，既体现在理性认知上，也体现在感性知觉上。理性从简，就是用"我要去练习了""该练习了""练习去"这样的想法给自己的思想减负；感性从简，就是当你将某事想象得简单易行时，你的身体也会产生轻松感。经过双重简化之后，再也没有唉声叹气和愁眉不展，有的只是如释重负和自在微笑，日常练习之路上的顽石已不再，有的只是助你安眠的一方软枕。大家不妨想象一些真正简单的事物，是否感觉到你的身体正在逐渐放松？

从简不代表一成不变，不代表每天所做的必须完全一样，而是应该因时制宜，做适合当天练习的事情。

我发现，只有当灵感在试图冒头的时候，我才算是真正在练习。之后便完全沉浸其中，甚至忘记了时间，有时竟一整天都在练习而不自知。

——约翰·柯川[1]

你也可以将简化思想与放松身体合二为一，用一句颇有仪式感的口诀概括："我感到身心舒畅，该去练习了。"想象一下，假如你每天都能说出这句话，那该多好啊！你是否记得，儿时出门玩耍的那份简单的快乐？那真是世界上最简单的快乐。尽可能地保持轻松心态，尽可能地令你的日常练习删繁就简。

但要切记，我们所说的从简，是针对日常练习这件事本身，而不是指简化日常练习的内容。日常练习内容依然可以是非常复杂的，比如解决一道物理难题或者处理研发应用程序时出现的难题。然而，不管内容多复杂，日常练习这件事本身还是可以变得简单的。即使你正在创作的这首歌曲极富挑战性，但坚持练习还是不难做到的；即使你

---

[1] 译者注：约翰·柯川（1926年9月23日—1967年7月17日），美国爵士萨克斯风表演者和作曲家，同时是一位优秀的音乐革新家，对20世纪六七十年代的爵士乐坛有着巨大的影响。

正试图解答的数学题非常棘手，但坚持练习还是不难做到的。这一点很重要，请务必牢记于心。

我的讲习班上的一位成员——罗伯特，分享了他的经历：

"'为了人生目标而练习'的想法令我热血沸腾，所以我原本的打算是，每天都查看自己的人生目标清单，然后择其一二进行练习。假如我坚持了这种简单的练习方式，那将是一桩美事！但由于某些原因，我不得已又附上了各种各样的要求：首先对选定的人生目标进行排序，然后每天必须从前三大目标中至少选择一个进行练习，但对于其他的目标也应不失偏颇，所以要保证花在每个目标上的练习时间是一样的……此外，还有多达15条的其他要求。"

"这样一来，练习成了我能想到的最糟糕的差事！于是，我将这套练习标准抛之脑后，回归了美妙而又简单的原始方法：每天早晨看一眼目标清单，然后选择一两个进行练习，仅此而已。很快，情况发生了反转，日常练习从一件苦差事变成了一桩美事。"

你跑得了1/4英里，却跑不了1英里？那就先跑一个1/4英里，接着再跑一个，再跑第三个，最后是第四个，这不就跑了1英里了，多简单。

只管做好你能做的，很快，你不能做的也能做到了。

——亨特·波斯特

桑迪接受了为期两个月的自塑挑战（体验两个月自塑主义者的生活，看看自塑主义是否适合自己），她是这样解释自塑主义对她的影响的：

"对于日常练习的具体内容，我一直犹豫不决。我想写书、想画画，我知道有些必须要解决的健康问题，我还想做些有意义的练习……我始终无法下定决心，确定自己究竟要练习什么。所以，我迟迟没有开始，更谈不上坚持。"

"我也曾试着给它们分出主次先后，但最后都是无疾而终，因为每一样都有其独特的重要性。正当我准备放弃时，一个灵感产生了。我决定将'从简'这一要素贯彻到底，哪怕什么也不做，只要现身即可。我会走进空余的那间卧室，进入指定的日常练习区域，然后想做什么就做什么，就这样，我会每天去那儿待上一个小时。"

"这种方法似乎产生了奇效。有时我会创作自己的纪实文学作品，有时我会研究一些另类的健康疗法，还有时我会画画素描。我意识到，其实做什么并不重要，因为每件事都有其独特的意义和价值。我的日常练习被简化为'现身一小时即可'。在接下来的两个月里，我的写作进度大幅提升，我还制订了一个新的养生计划，在一个又一个'一小时'里，我做了许多有意义的事情。"

📁 **深思细悟** --

1. 在你看来，简单的日常练习是什么样的？

2. 你是否惯于将简单问题复杂化？如果是，那么在制订日常练习计划时，你会如何控制自己不去这么做呢？

3. 请用你自己的语言描述一下，如何保持日常练习简单易行，即使是在日常练习内容十分复杂的情况下。

定时

日常练习意味着每天都会练习，你不会因为外界的干扰或者内心的阴郁而中断练习。日常便是日日如常，这正是定时的本质。

当然，偶尔中断一天，也可以算是仍在坚持日常练习。在日常练习的理念中，中断也是其中的一部分。毕竟，生活是多面的，你可能偶尔也需要将注意力转移到其他方面。又或者，你只是太忙了，以至在某天忘记了练习。中断一天或者偶尔的中断问题不大。

但是，当中断的时间从几天变成数周、数月时，就不能算是坚持日常练习了。所有你本可以得到的收获，全部前功尽弃。例如，你的小说没有写完，你与孩子的亲子关系没有改善，你的人格也没有得到预期的提升。

那么，如何把握中断的这个"度"呢？其实，并没有确切的标准。不过，你可以自行设定一个可接受的中断天数，但不宜过长，两三天即可。也就是说，假如你一连两天都中断的话，那么第三天无论如何也得练习。其实，即使是两天也算比较危险了，因为中断两天之后，我们很可能就朝着放弃一去不复返了。所以为了以防万一，中断时间为一天或许更稳妥。

如果不坚持定期练习，你会失去什么？也许是你的声音和事业。

即使是一流歌手也一样，只要不练习，嗓音就会滞涩。别找借口，这只能怪你自己。

——鲍比·达林[1]

对于定时，我们可以说是又爱又恨。但想要坚持日常练习，就必须克服对定时练习的负面情绪。马丁是一位独立电影制作人，似乎极其反感"每天都做同样的事"。他自称热爱"混乱无序"，想要"每天面对的一切都是全新的"，之所以坚持不婚，也是这个原因。

因此，马丁在制作电影时，总是困难重重。他拍的影片，多数都是半成品，有的只拍了1/4就不了了之。不过，殷实的家境倒是足以支撑他在"苟日新，日日新，又日新"的道路上前行，身后留下一长串未完成的作品。他之所以找到我，是因为有一部电影，他真的很想拍完。

在第二次面谈时，我对他说："下面的话，希望你能认真考虑一下，为了拍完这部电影，我希望你可以开始日常练习。"此后，我又向他做了进一步的解释。

"每天都练习？"他震惊地问道。

"对，每天。"

"但是，我可以更改每天的练习内容，对吧？可以今天写诗，明天画画，对吧？那样更适合我。"

"不可以。"我笑着说道，"好吧，你也可以这样做，但我更希望你

---

① 译者注：鲍比·达林，美国著名歌手、创作人、演员。

按照我的方法来。因为我让你练习的主要目的是，让你理解重复与规律的意义。我希望你能时常把'我喜欢重复性的工作'和'我愿意按时练习'挂在嘴边。这不是给你的人生做减法，而是令你的人生真正发生转变。"

马丁面露愠色："我认为这有违我的人格。"

于是，我赶紧向他解释我对人格的看法："人格可以分为三类，即固有人格（与生俱来）、既得人格（逐渐习得的）和可得人格（可以自由选择的，想要拥有的）。所以你可以这样认为，长久以来，你一直以某种固定的方式待人处事，那是你性格中已经被固化的部分。但我知道，我的话你不仅听进去了，还动过定时练习的念头。这就说明，你的性格中还有一部分是可以改变的，愿意考虑日常练习。"

"只是很小一部分。"他郁闷地说道。

我不禁笑着说："再小那也是一部分！"

后来，我们详细讨论了接下来的两周他该如何进行日常练习。"这两周可太难熬了，"他说道，"一直就做一件事。"

"没错。"

"就那一件事。"

"或许你可以换个思路，至少每一天都是'新的一天'。"

听到这儿，他眼睛一亮："没准我可以用'新的一天'这种小把戏来糊弄自己，让自己不感到无聊。"

"未尝不可。"

"也没准我能亲自给自己戴上一副'脚镣'。"

"倒也不必如此夸张。"

"这对我来说已经够夸张了！"

两周后，我问马丁："进展如何？"

"不太好，我快被弄疯了。"

"被什么弄疯？每天在同一时间练习？"

每日定时练习会不会逐渐失去应有的作用？当然不排除这种可能。但是，在它真正失去作用之前，我们一定要坚持定时练习。没心情或者太忙不能作为中断的借口。

只要练习对我们有益，我们就该肯定它、利用它。

——杰克·康菲尔德[1]

"我甚至还没到那一步！光是想到我每天都要在同一时间练习，就令我抓狂了。我觉都睡不好，大把大把地吃坚果，估计都胖了3磅（1磅约为0.453 6千克）了！"一般在这种情况下，导师都会这样想：是请客户再试一次呢，还是完全换个思路？我正琢磨着选前者还是后者时，马丁又开口了。

"虽然不太情愿，"他说，"但我还想再试一次。"

我点点头："那这次我们做点改变？"

他考虑了片刻，说道："可以把练习的时间改成早、中、晚轮转吗？也就是说，我可以今天早上练习、明天下午练习、后天晚上练习吗？这样一来，我可能就不会觉得如此压抑了。"

就这样，马丁为自己的难题想出了一个巧妙的解决方案。日常练

---

[1] 译者注：杰克·康菲尔德，美国佛教心理学家、禅修导师，代表作有《狂喜之后》《踏上心灵幽径》《当代南传佛教大师》等。

习的关键要素之一是日行不辍。从很大程度上来说，日常练习的力量来源于定时的、日积月累的努力。坚持每天练习，或者偶有中断但依然坚持下来的话，你可以得到健壮的体魄，可以实现人生目标，可以取得许多成就。虽然坚持每天练习很难，但这应该是你努力趋近的标杆。

◈ 深思细悟

1. 你觉得对你来说，每天都坚持练习，是否有一定难度？

2. 如果有，你会采取哪些措施来转变自己的思想？

3. 你会如何积极对待中断的日子？

认真

　　自塑主义者的生活方式就是围绕着人生目标来安排自己的生活，因为在其价值体系中，个人及其所付出的努力是至关重要的。但这种自我认同并非浮夸的孤芳自赏、并非幼稚的自命不凡，而是一种责任与担当，因为社会不公依然存在，战事依然频发，仁爱的种子需要播撒，生死都需要认真对待。我们可以只关心自己的高尔夫差点①和金银财宝，也可以挑起世间的重担，尽一份绵薄之力，还人间正道坦途，比如保护儿童免遭伤害。

　　这种目标的严肃性会直接影响我们对日常练习的态度，哪怕日常练习的内容"只是"弹吉他或者做运动。你之所以会认真对待日常练习，是因为它对你至关重要，因为它意义非凡，因为它支撑着你的一个或者多个人生目标，因为它关系着你实现自我价值的人生信条，因为它是你展现英雄主义与人道主义的方式之一。你赋予了它崇高的意义，所以你会认真对待。

　　谨记日常练习的这一要素，可以使你勇于为自己的主张四处奔走

---

　　① 译者注：差点，是差点指数的简称，是衡量高尔夫球员在标准难度球场打球时潜在打球能力的指数。它是一个保留到小数点后一位的数字，是一个国际通用的技术标准。

发声，不再退避缄默；可以使你从容地在作品中施展拳脚，不再有所顾虑；可以使你主动提升自己的人格，不再自我放纵。关于上述每一种情况，我们都有许多强大的理由来选择逃避，但当我们对自己说："对待人生，我是认真的；对待日常练习，也是如此"，我们就拥有了勇敢面对困境的力量。

若要实现认真练习、严肃生活的目标，或许很难一蹴而就。假如你从小就被不断告知人生不用太较真，假如你见过了太多浑浑噩噩、苟且偷安，以致只将认真生活当无稽之谈，假如认真生活只是少数精英的选择，而你又游离在那个核心圈子之外，那么，你很可能需要真正下一番功夫，才能发自肺腑地接纳认真生活的观点。但是，即使历经千辛万苦又怎样呢，毕竟没有一段旅程能比人生更重要。

不过，对待日常练习，认真的态度固然不可或缺，但过犹不及。正因此，我们还需要用从简、放松等其他日常练习要素来适度中和。如果缺少了它们的中和作用，下面的情况就很容易发生：假设你的日常练习是写完一本小说。你对这本小说有着各种美好的期许，它对你意义重大。但是，你太想把它写得尽善尽美了，以致日常练习逐渐变得沉重且严肃，你怕再写下去会毁了它，所以干脆停笔了。

只有停笔不写，小说才能一直保持完美，所以对日常练习你自是敬而远之。在这种情况下，如果你真的想写完这本小说，就必须借助其他日常练习要素的力量。

首先，你要坦诚。你必须扪心自问，不想继续写作的原因究竟是什么？你必须充分认可日常练习就是要笔耕不辍，不可对艺术作品抱有完美主义的幻想。如果你能在日常练习中保持绝对的坦诚，这就能抵消你的忧患情绪，使你不再担心会破坏想象中的美好。

接触大自然，并非是为它谱写悲壮的挽歌，而是成全百川奔流、群星璀璨与万木争荣。

当我在湍急的逆流中蹒跚而行，那是对河流的历练；当我伴着银河的星辉航行，那是对星光的历练；当我拄着拐杖支撑着颤巍巍的身体，那是对木的历练。

——巴里·洛佩兹[1]

其次，自律是很重要的。你可能不会在生活的方方面面都克己自持，甚至根本就不喜欢自律，但是想坚持日常练习，就必须自律，否则你会发现自己缺乏动力。若要练习写作，就必须做到无论如何都要每天定时伏案笔耕。"无论如何都要练习"，或许可以作为一条不错的自律口诀。

对于一位写作练习者来说，首要性和专注也有所裨益。假如每天规定时间一到，你就会放下一切，以写作练习为先，专注于练习内容，那么这两个要素将有助于你将完美主义和惶恐思想抛到一边。如果你专注于眼前这一章的内容，一心想着文中玛丽想对约翰说的话，你就根本无暇再想其他的了。通过对小说中人物互动的认真揣摩，你将真正地做到认真对待自己的作品。

你想要认真对待日常练习，正如你想要认真对待生活一样。这份认真往往与自我激励和自我担当密不可分，这两者也是自塑主义的核心信条。可以说，认真是衡量努力实现人生目标的一个标准。

---

① 译者注：巴里·洛佩兹，美国著名自然文学作家，代表作为《北极梦》。

1. 你认为，慎重行事与临深履薄的区别是什么？

2. 对于自己的日常练习，你的态度是敷衍搪塞、一丝不苟还是战战兢兢？

3. 如果你认为自己不够认真，那么你会尝试通过哪些方法使自己更加重视日常练习？

4. 如果你认为自己过于谨小慎微，那么你会尝试通过哪些方法来平衡这种忧患心理？

取乐

取乐，不应该是非常容易理解的概念吗？然而，实际上，这是我们所使用的含义最丰富的词语之一。

当几位客户都说自己的日常练习需要更多乐趣时，每个人的意思可能大相径庭。

第一位客户的意思是："创作交响曲太费神了，真希望可以不用这么累。所以我总是幻想着有某种方法，能让我在玩乐的同时把曲子也写好，当然我知道这是不可能的。"这位客户将玩乐作为逃避现实的工具，这种取乐方式对于日常练习来说，并不是一种有益的补充。

第二位客户的意思听起来像是："我对于练习的把控太过严苛，使练习充满了沉重感。我没有给练习留下任何想象或者创新的余地，而这都是童年经历造成的。我在教区学校就读时，老师的管教异常严格，父母更是有过之而无不及，他们没有给我一丁点儿玩乐的自由。所以，我需要给自己的练习找点儿乐趣，用来中和那份沉重感。"

第三位客户将取乐当成一种释放，一种重要的减压途径。大家还记得情景喜剧《陆军野战医院》吗？剧中的军医们竭尽全力照顾伤员，救死扶伤。可一旦走出野战医院的帐篷，他们却又带上了一份愚蠢、可笑。身处在荒诞的、无法忍受的环境中，他们需要靠一些轻浮的举止和夸张的言谈来纾解压抑的情绪。

第四位客户对取乐的理解与前三位不同。他想获取的乐趣，都是富有艺术内涵的，比如无调音乐、具象诗、超现实主义绘画、安东尼·高迪①的建筑、行为艺术，阿尔贝·加缪②的《堕落》中的主人公身上的那种风流与尖刻，那些可以一语概之却洋洋洒洒写了300页的小说，惊愕交响曲③的震惊之音，《1812序曲》中真正的大炮声④，还有艺术长河中的无数异想天开的、不拘一格的奇思妙想。

第一位客户将取乐当作逃避困难的避风港；第二位客户渴望能找到乐趣，因为他感觉练习的高压管控已经对自己产生负面效应；第三位客户需要疏解与释放，于是寻得了一些人生野趣；第四位客户所取之乐，皆源于怪诞非凡的风格艺术。其实，取乐的内涵与精妙远不止上述四种。

取乐作为日常练习的要素之一，是我们在不堪重负的现实中注入的一股轻松感。它是风仪严峻时的一抹浅笑，是悲剧背后的喜剧，是阿道夫·希特勒外表下的查理·卓别林。取乐与认真是一对相辅相成

---

① 译者注：安东尼·高迪（1852年6月25日—1926年6月10日），西班牙"加泰隆现代主义"建筑家，新艺术运动的代表性人物之一。

② 译者注：阿尔贝·加缪（1913—1960年），法国声名卓著的小说家、散文家和剧作家，存在主义文学大师，"荒诞哲学"的代表人物。

③ 译者注：惊愕交响曲，是有着"交响乐之父"之称的奥地利作家约瑟夫·海顿的作品，创作于1791年，于1792年3月23日在伦敦汉诺威广场音乐厅首演。据说，因为当时的观众聆听演奏会时，总是一不小心就睡着了，因此海顿创作了这首曲子。演奏到第二乐章时，睡着的观众总是被这巨大的声响给吓醒，借此提醒观众不要睡着了。

④ 译者注：柴可夫斯基的《1812序曲》中的炮声，是用一门1775年的青铜加农炮打响后录音制作而成的。

的好搭档，它们各尽其职，令日常练习的过程既轻松又严肃。

在画家杰弗里看来，取乐与认真之间的关系是这样的：

"就以画家为例，谈谈我的理解吧！约安·米罗和保罗·克利，两人虽都以极度跳脱恣意的风格见长，但我认为约安·米罗不够严肃，他的作品中满是戏谑与故作的狡黠，而保罗·克利则是'玩世'而绝非'不恭'，他的作品总能令人在会心一笑之余，还能感受到某种现实的冲击。杰克逊·波洛克则完全是另一派景象，其画风大开大合，既张狂不羁又严肃工谨。马克·罗斯科却是严肃有余而活泼不足。最重量级的当属巴勃罗·毕加索，其画作逸趣横生却恭肃不足。他本可以透过画作来严肃地反映现实，他的内心是有使命感的，但随着岁月的流逝，他选择了粉饰太平、游戏人间。"

那么，在日常练习中取乐具体该怎么做呢？它可以是在严肃的小提琴练习后的一曲山间音乐，可以是画好作品之后对其进行装裱，也可以是停下你此刻正在认真进行的工作——比如疏导心理健康、提升人格或者处理任何原则性的事务——跳一小段吉格舞。无论你的日常练习在本质上是一件多么严肃的事情，你都可以莞尔一笑或者开怀大笑。

我们讲，自塑主义是需要荒谬的、反叛的，也就是说，个人完全自发地以拯救世界为己任，并因此踌躇满志，这个想法确实有些疯狂了。当你想象着自己凭一己之力捍卫全世界的画面时，难道不会笑着摇摇头吗？这也是我们可取的另一种乐——自嘲之乐，蚍蜉撼大树，不自量力！

如何取乐？自娱自乐！或许你今天的练习所缺少的，正是那片刻

自娱自乐的时光！

　　道理人人都懂，但我想知道究竟有多少人，无论境遇如何都能庆幸自己有自娱自乐的本事。自娱自乐的片刻，使你有机会享受完全的自由，暂别人生重责，不论得失。

——特怀拉·萨普[①]

　　取乐作为日常练习的要素之一，不是偷懒的借口，不是逃避的方法，更不是一个玩笑，它是肃穆中的一份轻松，密林中的一缕清风。练习如人生，时而压抑窒息，需要用笑声来冲破幽闭的窗，"敬而无失"，当是取乐的真谛。

📖 深思细悟

　　1. 请自行描述一下，适合你的日常练习的取乐方式。

　　2. 这种具体的取乐方式，是你可以信手拈来的，还是需要刻意学习的？

　　3. 如果需要学习，你会尝试通过哪些方法助力自己的学习过程？

---

　　① 译者注：特怀拉·萨普，美国先锋艺术家，第一位真正综合现代舞和芭蕾舞技巧的编导，也是把流行音乐带进舞蹈领域的先锋。

坦诚

面对日常练习，需做到坦诚。如果你一直在练习某种乐器，反复演奏某一段，效果却始终不理想，你就得如实地对自己说："这段还不够好。"但是也不必自我苛责、自我纠缠或者怨天怨地，摆出一副郁结难疏、怨天尤人的姿态，而是在平静地说完"这段还不够好"之后，继续潜心练习。

假如在开始练习后不久，你便中断了数日，那么只要如实地说"我中断太多天了"就好，追加的悲叹就不必了，"我已经浪费了这么多时日！""大势已去！""良机已失！"都是多余的。你只要坦率承认，漏掉了多少个本该练习的日子，然后给自己几句简单的肯定："立刻行动"或者"即刻重修"，便开始投入练习即可。

如果能做到80%甚至90%的坦诚，就已经很不错了，这对普通人来说也是个很高的标准。但实际上，对于你我而言，100%的坦诚才是我们的终极目标。之所以要如此不留余地，是因为那10%或者20%的不坦诚足以令我们前功尽弃。哪怕一刻的偏私暄暖，一个无伤大雅的小谎，都足以产生极大的副作用，致使我们的日常练习功亏一篑。

假设有一位将军，他能坦率地承认自己的部队缺乏锻炼，于是便加大训练力度，这很好；假设他还能坦率地承认他们的步枪总是卡壳，于是便换了更精锐的武器，这也很好。但是，假如他拒绝承认敌方的空中优势，那将会怎样呢？那就是虽然他在其他方面已极尽坦诚，但这场战役他很可能会一败涂地。

最后的10%往往是人们最难以承认的，因为那常是最残酷的事实。将军之所以承认自己的部队训练不足，是因为他可以着手弥补；将军之所以承认他们的步枪常常卡壳，也是因为有改进之策。但是，面对敌方的空中优势，他束手无策，那又该怎么办呢？多数人会倾向于拒绝正视这个残酷的事实。

日常练习的内容一定要精准执行，不可以模拟物、替代物或者相似物取而代之。如果你的练习内容是创作一本小说，那么你就必须为了这本小说每日笔耕不辍，而不是去读一本小说，做着有关小说的白日梦，或者做些与小说相关的事情。

再长的楼梯也走不出优秀的徒步者，只有远山可以。

——阿米特·卡兰特里

下面，就以一位回忆录作者的日常写作练习为例。也许她的兄弟姐妹们会因为在书中被提及而不高兴，但她可以正视这一点，并且坦然接受他们可能会生气的事实；也许她会在书中披露一些尴尬的家族秘密，但她可以坦然接受并正视；也许她自己的一生过得并不那么如意，但她也可以坦然接受并正视。但是，如果她无法承认自己对前夫心存恐惧，并且害怕他会读到这本书呢？倘若不能面对这个残酷的事实，她很可能根本无法下笔。

平心而论，这位作者能够坦然接受其他事实已经很不错了，她应该为自己感到自豪，做到这一点真的需要很大的勇气。但是，她绝不能因为最后这个事实（对前夫心存恐惧）使自己前功尽弃。这个事实也需要她去面对，这并非出于情感治愈的需要，而是如果她无法承认并正确对待，她的回忆录就不可能写成，而这将令她无比失望。

日常练习无"法"可循，唯有以坦诚之心去往向往之地。请心怀坦诚，莫忘初心，努力实现人生目标。

（许多）瑜伽士盲目地关注某个特定的冥想体系……（而）忘记了日常练习的真正目标在于自我修持。

——桑塔塔·伽马那

我想大家已经发现了，在日常练习中要做到坦诚，就必须面对许多艰难的事实。假如你想练习瑜伽，就不得不承认，有时候练习瑜伽会令你厌烦；就不得不承认，某些动作实际上会伤害你的身体；就不得不承认，当你决定开始练习瑜伽之后，才发现你需要的不是练习，而是开始练习的勇气。你可能需要面对的事实还有很多，它们每一个都不好应付，个个都是难啃的骨头。

请坦诚地问自己：你是否足够重视你的日常练习；你是否总是借题发挥，意在逃避日常练习；你是否真正全身心投入日常练习，还是走走过场；你是否总想快快结束日常练习。总之，请保持绝对的坦诚，任何一丁点水分都可能使你的日常练习毁于一旦。

再来看看资深发明家兼工程师拉里的例子。拉里选择的日常练习是研究人工智能领域的某个课题。这是他非常热衷的课题，但他不明白为何自己总是无法定时练习。为此，他花了不少时间来琢磨这件事，还专门做记录，甚至在网上与人工智能专家们共同探讨。最后，他终于想通了。

他向我解释说："其实，这个答案我一直都知道，只是我将其刻意隐藏起来了，这样就不用去面对它了。事实就是，我对人工智能的最终归宿感到深深的恐惧。只要去看看《机械姬》这部电影，你就明白了。我之所以热爱人工智能，是因为我喜欢把它当成一种智力谜题来研究，但实际上，对于它可能的最终归宿，我又是极其恐惧的。我究竟应该拿这个我爱之深却又恨之切的人工智能怎么办呢？"

真相水落石出之后，拉里别无选择，不得不放弃了他对人工智能的研究热情。然而，数月之后，他又开始了另一项截然相反的日常练习：他打算撰写一本书，专门揭露人工智能的危害。其实，在他的内心深处，他希望自己从未承认这一事实。但他明白，这个事实终有一天还是会暴露在自己面前。如果他一味回避，那他最终可能什么也做不了。

▶ 深思细悟

1. 请简述坦诚对于日常练习的作用。

2. 是否有些问题，你已经意识到它们的存在，却无法坦诚面对呢？

3. 请简述"相当坦诚"和"绝对坦诚"之间的区别。

自主

能主导你的练习的，只有你自己。你或许会借鉴他人的经验，记下别人的做法，但你自己必须做出最终的决定。你要决定是创作一本小说还是进行某项研究；你要在日常练习过程中自我引导；你要去犯错，然后从自己的错误中总结经验教训。

你很少需要依靠先师相授，因为你已决定要靠实践出真知。你也很少需要前辈垂范，因为当你无所适从时，你会深呼吸，然后对自己说："在我寻求帮助或者寻找出路之前，让我先问问自己，看看自己是怎样想的？"你会养成习惯，事事先行一步，去了解什么适合自己、什么不适合自己，去分辨何为真、何为假。

然而，要做到这一点并不容易，因为我们身处观点大爆炸的时代。仿佛人人有方法，人人有对策。许多人都想向你传授他们的经验，为此，他们不得不宣称自己的方法是最好的、是真实有效的，是得到了无数科研数据支持和客户认可的。

我们想要抵挡各式各样的观点兜售和经验推销，绝非易事。例如，有人在你耳边鼓吹着过度练习吉他会导致关节炎，正在你好不容易才将这个声音抛诸脑后之时，另一个声音又接踵而至，说科学研究表明弹吉他与反社会行为有关，还真是没完没了啦！你要时刻保持清醒的头脑，不被诱惑，不被误导，需要极大的毅力。能令你回归自我的口诀是："我自己到底怎么想？"和"对我有效的方法究竟是什么？"

应该掌握决定权的，除了你自己，还能有谁呢？

我们是自己最好的老师……能够有意识地做到自己拿主意……的确需要勤加练习，但最终的结果一定是好的。

——安吉·卡兰

以节食为例，如果身体吃不消，你还会接受全葡萄柚、全奶酪、全坚果、全菠菜这类的节食餐吗？一天吃1磅哈瓦蒂干酪或许对某些人有用，但那就意味着对你也适用吗？一道富含大虾、贻贝和蛤蜊的地中海式节食餐，即使对全欧洲都有用，那又如何呢？假如你对贝类食物过敏呢，它也适用吗？而且我敢保证，最受追捧的节食方法，一定顶着最巨大的光环——"我只用了3天，就减掉了50磅，而且我感觉棒极了！"你是否也会一不小心失足，落入被外界观点裹挟的无底洞呢？

记得20世纪60年代，我曾在格林尼治的一家咖啡馆里，看了一场里奇·海文斯的演出。那绝对是一场视听盛宴，他独创的那一套极富爆发力的拇指扫弦法，在当时的吉他演奏中是绝无仅有的。哪怕时至今日，各大论坛上的吉他演奏者们依然为无法模仿里奇·海文斯的演奏风格而叫苦不迭。于是，有人便自告奋勇地出来"答疑解惑"：原因在于海文斯有一双大手。如果你的手很小，那你当然无法演奏出他的风格，你只能以自己的方式去演奏。

许多人都发现，独立自主其实是很难做到的。自主是一种领导行为，而实际上，追随者往往比领导者要多得多。你的日常练习需要你来领导。你既是埋头苦干的员工，又是运筹帷幄的首席执行官，还是独具慧眼的咨询顾问，必要时还要审查各项活动并整改升级。

日常练习的大致内容，必须由你来决定。你必须决定要真正地开始日常练习，不可在决心未定之前，就草率开始。

日常练习一定从下决心开始，后转化为实践，并很快成为日常习惯。

——尼克·卡特里卡拉

比如说，你决定要在工作之余，开始练习画画。于是，在每个工作日的晚上，你一下班便直奔画室。但是，你发现除去前期准备和后期清理的时间，能真正用来画画的时间少之又少。你希望自己能像巴勃罗·毕加索一样涉笔成趣，通宵达旦地醉心于绘画，但你白天还要上班，所以这个愿望只能搁浅。即使感到自己的决心有所动摇，热情有所消减，你依旧维持着当前的练习计划。

你该怎么办？这时候不会跳出一个教学视频给出答案，你必须自行决定。与其询问"我该向谁请教？"或者"我该去哪里寻求帮助？"，不如去滨海大道走一走，一边来回踱步，一边好好思考。

于是，这些想法会出现在脑海中。从周一到周四，你都无法通宵画画，因为第二天要上班。那周五晚上呢？周六不用上班，那还有什么能阻止你在前一天晚上通宵画画呢？

接着，你就会发现，这个想法令你非常焦虑，即使看上去它能够很好地解决部分矛盾。那么，你感到焦虑的原因是什么呢？

因为你突然意识到，你害怕自己一直是在自欺欺人，其实你并不想一连数小时不停地画，可如今已有对策，你不得不正视自己的疑虑和恐惧。于是，你直面内心，一番斗争之后，你停下来盯着水面，喃喃自语："要么行动，要么闭嘴！"就这样，你下定决心，要在每周练习中，增加一个通宵画画的狂欢夜。

你可能并未就此打住，而是进一步权衡这个决定的后果。假如周五晚上通宵画画，那么周六的大部分时间必定就要补觉。还有要洗的衣服怎么办？其他差事怎么办？你何时才能放松一下？何时能跟朋友出去玩？放弃这一切只为那一夜的绘画是否值得？

你盯着水面，把整件事梳理了一遍。最后，你决定先尝试一个月，你认为这是眼下最重要的事。即使会给生活带来不便与混乱，但还是值得一试。于是，你拿定主意，调整了练习计划。

📑 深思细悟 ··

1. 在你的先天人格或者后天经历中，是否有些因素使你更易于成为追随者，而不是领导者？

2. 如果有，你会尝试通过哪些策略来提高自己在日常练习中的自主性？

投入

日常练习与其他事务的区别之一是，是否投入。无论是倒早餐麦片、发送例行的电子邮件还是去超市购物，我们很可能并不会花费太多心思。这些日常事务完成即可，何须费力去精益求精呢？削土豆皮到炉火纯青的地步又能怎样呢？

但是，日常练习是需要尽力投入的，因为日常练习的目的是实现人生目标，它需要特别的关注，值得我们全身心地投入。若是没有竭尽全力，那么日常练习就沦为琐事一桩，而当我们竭尽全力时，所有相关的品质也会随之而来：激情、热情、专注、虔诚、集中、专心、忘我、沉迷与热爱。竭尽全力才能摆脱中规中矩，成就卓尔不群。

- 在每天健身时，你可以无精打采，也可以精神抖擞。

- 在练习创作剧本时，你可以心不在焉，也可以全神贯注。

- 在处理业务的日常练习中，你可以事事亲力亲为，也可以当个甩手掌柜。

- 对于自己的付出与收获，你可以等闲视之，也可以视若珍宝。

- 在日常练习的这条路上，你可以开足马力一路狂奔，也可以意兴阑珊走走停停。

1小时也好，1分钟也罢，只要竭尽全力，就不算枉过！

我有一个宝贵的发现：练习根本不在于时间长短，只在于是否投入。专心致志查漏补缺的5分钟，足以抵得上因陋就简敷衍了事的5小时。

——莱昂纳德·韦伯利

日常练习需要全身心的投入：你需要调动身体的每一块肌肉、思想中的每一条信念、大脑中的每一个脑细胞和心中的每一丝热情。不要害怕这会给你带来极端的考验，也不必担心你会因此心力交瘁。毕竟，你需要全身心投入的时间十分有限：可能只有20分钟、30分钟或者1小时。保持20分钟的专注会令你精疲力尽吗？不太可能吧！

不过，你可能会发现，由于各种复杂的缘由，以致在练习中不想或者不能尽力投入。奈杰尔是我辅导的一位客户，住在英格兰布莱顿。他向我讲述了因为无法全身心投入而影响自己作曲练习的事：

"我做事讲究适度，不愠不火。我不跑马拉松，避免与人起争执，为此我的女友抱怨我温吞避世，我倒认为这是'中庸之道'。这样虽然好，但我一直没法完成交响乐的创作。多年来，我一直只能创作出时长较短的乐曲，大概也就两三分钟。各种交响乐的主旋律一直回荡在我的脑海中，但我就是无法将它们完整地谱写出来。于是，我便开始每天坚持作曲练习，可结果并不如意。我坐下几分钟，便会心乱如麻，于是只得起身离开。"

"最终，在想到日常练习的若干要素时，我才恍然大悟：原来自己一直避免全身心投入，因为过多的投入会令我焦虑不安。但是，假如不竭尽全力去练习，我将始终无法如愿。我不想只能写出不愠不火的交响曲，我不能指望以这种不愠不火的态度创作出震撼人心的音乐。"

"所以，我决定全力以赴。这甚至颠覆了我全部的认知，以前我认为，作曲更多的是理性的，而非感性的，我可真是大错特错！作曲，本就该是一个完全由强烈的情感所主导的过程。于是，我尝试着在作曲练习中，时刻保持高昂的情绪。如今，我每日的作曲练习已经可以坚持5分钟左右了。虽然时间不长，但这已是我的极限，而且在这5分钟里，我是全身心投入的，我已经在进步啦！"

芳香沁鼻？还不快去一探芳踪！

我要戴上耳塞，一小时接一小时忘我地弹琴，直到指间鲜血溢出……当我陶醉于音乐的芬芳之中时，再没有任何外物能打扰到我。

——全凯伦

像日常练习的许多其他要素一样，在你全力投入时，也需要用一些方法来平衡或者调节由此而来的紧张感。在日常练习中适当地"放松"和"取乐"，可以防止过度投入导致失控的情况。设想一下，你可以在精神高度集中的同时，给思维添上一抹绮丽的想象，或者在完全沉浸某事之中时，去找寻一丝如羽毛般轻盈的轻松感。随着时间的推移，如果你能在日常练习的过程中不断积累经验，你就会知道具体怎样做才能得到你想要的投入度。

雕刻家莱恩向我介绍了其独特的权宜之法：

"当我在石块上凿刻时，我其实是在做两件事：一边投入地工作，一边适度地放松。你必须放松，这样石块才能表达出它的想法，你不能强求。太多管控、过度投入和对某个想法的执念，的确能帮你达成所愿，但过程是了无生趣的。如果在这些之外，你还能另添一份轻松感，那么你可能会如愿，也可能会有其他的收获，而且过程是意趣盎然的。

"我也是花了很长时间才领悟了这个道理。过去，我总是一味地跟作品较劲儿，结果因为'用力过猛'毁了一件又一件作品。我花了很长时间才找到了放松的感觉。你所需要的是用一份轻松来中和全身心投入所产生的压迫感，那种感觉就像是端着一盘空气。诸位不妨找个盘子来试一试。你必须全神贯注，然后又会为自己的愚蠢摇摇头。总之，我的秘诀是：三分投入，两分放松，不多不少，刚刚好！"

📑 深思细悟 --

1. 投入的近义词有很多：激情、热情、专注、虔诚、集中、专心、忘我、沉迷、热爱等。在你看来，哪些词最能体现投入的本质内涵？

2. 请描述一下，你打算如何在日常练习中做到全身心投入？

3. 是否存在阻碍你全身心投入日常练习的因素？如果有，是哪些？

放松

认真对待日常练习，这当然是你所希望的，但同时若能做到举重若轻，自然更好。你想给日常练习增添一丝活力、一份欢乐、一份轻松，使之不会因太过沉重而石沉大海。想象一下，每天背着60磅重的背包来练习和每天只穿着夏装一身轻松地练习，会有多么大的不同啊！适度轻松的心态如一缕微风，可消解日常练习中那令人压抑的沉闷感。

于你而言，日常练习的重要性是不言而喻的，它是你实现人生目标的重要途径，是你引以为傲的动力之源。但是，假如过度施压，你就会把原本毫不费力的1小时，原本今天可以好好享受、以后也不会担忧的1小时练习变成无比沉重的1小时，甚至会产生绝望感。

那么，如何才能放松呢？我们既不是天空翱翔的飞鸟，也不是花间飞舞的蝴蝶，而是沉沦苦海的凡人。我们背负着苦痛、责任，我们对于不公与死亡有着深刻的领悟。我们深知，生而为人，自己无法像其他万物一样轻松自在。这正是我们会为杂技演员或者舞蹈家那几乎摆脱了重力的表演而激动的原因：那份轻盈看上去如此神奇。

要在日常练习中加入轻松感，无异于奇妙地拥有了某些根本不属于我们的特质，好像我们在想方设法地表达："我们确相信自己可以像肥皂泡一样，短暂地漂浮一会儿。"

每当我在桌前坐下，准备写作时，我并不会刻意地说上一句，"来，放松些"，但这的确是我的心声。我会带着轻松的心态投入写作，而不是摆出一副要大干一场的架势。比起字斟句酌，我更愿乘兴走笔，与其寻行数墨，倒不如神游天外，我身在其中却又超脱其外。我深知日常练习的重要性，却也偶尔谈笑自若，好让这一两个小时不致太过沉重。若有其他的想法旁逸斜出，那就任其恣意生长！比如，可能我当时正在描写那只快乐的卡通猪在泥坑里上蹿下跳的场景。

假如你的人生本就不易，那么要做到轻松练习就更是难上加难。尽管还未开始练习，你是否已然眉头深锁？是否已然身负重担？面对这场练习，你是否不战而败？假如我要脱去的只是生而为人的这一身沉重的外衣，那么里三层外三层包裹着生活压力的你呢？要做到轻松自如，谈何容易！

既然生活如此沉重，又该如何放松呢？有个方法或许可以一试：你可以只在每天练习的时间内努力做到轻松自如。如果能一直保持这种轻松的心态，当然最好。但就目前而言，在你所设定的情境下，在20分钟、30分钟或者40分钟之内，保持放松，应该是可以做到的吧？

只是片刻的轻松而已，长不过肥皂泡由生到灭的一瞬，长不过蜂鸟从一个枝头飞到另一个枝头的瞬间，长不过纸飞机在空中滑翔降落的时间，也许比这些瞬间稍长一些，但至少不是数小时之久。你能想象出自己保持一个小时的轻松自在吗？就一个小时，可以吗？

日常练习应张弛有度，张弛之间不似刀剑相向，当如琴瑟相合。

要下笔有神，非胸怀万卷不可得，而一味循诵习传亦不可得。

——阿兰·沃茨

雪上加霜的是，我们还必须面对时常出现的无意义感。假如你了解自塑主义，你就会明白，虽然你的日常练习是有意义的，比如为了进行一些有意义的投资或者把握住难得的机遇，但你可能感受不到这种意义的存在。例如，练习写作对于你的小说创作是有意义的，但是每天都要笔耕不辍不说，还时常出现文思枯竭、词不达意的情况，每当此时，除了觉得自己在做无用功，怕是很难再有别的感受了。

当你被那种无意义感所包围时，该如何自我放松呢？你可以自我提醒。当你坐在那里，第1000次演奏那首双簧管乐曲时，那种感觉多么沉重啊！当你即将发送的一封邮件可能引发一场动乱，并将你卷入冲突之中时，那种感觉多么可怕啊！也许在你第1000次演奏或者按下"发送键"时，你根本做不到轻松自如，但你还是可以小声地提醒自己，"放松，放松，放松"，然后试着深呼吸，哪怕只是一小会儿呢。

我的同事拉里是一位辩护律师，一直致力于捍卫儿童的权利，他每天都面对着沉重的压力。他的放松方式是这样的：

"我每天的工作都令我无比沮丧。每一个案子都是痛苦的，即使胜诉了也一样。当我们打赢了与某家医药公司的纠纷官司，或者令某位立法者采纳了我们的意见，我还是会想起我们丢失的那些'阵地'。面对那些沉重的事情，我根本无能为力。不过，我学会了叹气，用叹气来疏解所有的沉重感。我为我们这个群体而叹，为人类而叹。一声叹气之后，我会倍感轻松，然后以更好的状态投入工作，因为孩子们需要我。"

深思细悟

1. 对于日常练习中要适度放松的观点，你是如何理解的？

2. 你认为自己在"轻松练习"的路上会遇到文中提到的问题吗？是否还会出现其他问题？

3. 如果还会出现其他问题，你认为自己将会采取哪些措施来应对这些挑战？

专注

日常练习需要专注。你不能一边记挂着账单，一边考虑着孩子的平均分，或者思考着丈夫的那几句抱怨。你必须抛开那些令你分心的事情，平定心神，做好迎接日常练习的准备。你应当专注于日常练习，切勿胡思乱想。

专注看似简单，其实内涵相当复杂。我们在思考和谈论"专注"这个词时，常常带着某些偏见。在我们看来，专注应该就是指只做某一件具体的事情，类似于佛教中的"定"，即"当你削土豆皮时，就专心削土豆皮"。然而，这是专注的其中一层内涵，但并不是唯一的，可能也不是最重要的那一层。

例如，你坐到电脑前，准备继续创作小说。今天你给自己制定的任务是逐一浏览每个章节，确保主人公玛格丽特的外貌特征前后一致，因为此前你曾几度易稿，并对玛格丽特的外貌进行了数次改动。你当然可以只专注于做好这一件事。又或者，由于这项工作重复单调，你完全能够分出一半心思，用来解决第9章里的情节问题。此时，你的一部分注意力被用于确保玛格丽特的外貌特征前后一致，而另一部分（或许是更大的部分）则被用来帮助玛格丽特从第9章你给她设置的困境中解脱出来。可以说，在这两件事上，你都没有做到绝对的专注，因为你的注意力被分散了。但就整部小说而言，你是绝对专注的，你的注意力全部放在小说上了。

每一个瞬间，因为你的参与，不再是转瞬即逝的，而是被放慢到最低速度的慢动作。

日常练习的本质，就是带着尽可能多的思维意识，直接参与日常练习的每一个瞬间。

——斯蒂芬·莱文

第二种专注，通俗地讲，就是在削土豆皮时还天马行空地想到了土豆的一系列新用法，这正是创造与革新的源泉，是解决问题非常简单古老的思考方法。你可以反复弹奏一组吉他和弦，以便真正掌握它的演奏技巧，可同时你也可以在脑海中构思出一首天马行空的新歌。整个过程就像是你一直练着吉他和弦，但当新歌构思完成后，你便开始转而演奏这首新歌。虽然这打乱了你的具体练习计划，但总而言之，你依然是完全专注于发挥你的音乐天赋的。

"专注就意味着只能做某一件具体的事，而且绝不能分心"，这种偏见其实是毫无意义的，但要摆脱它并不容易。以戴安娜为例，她每天都要练习瑜伽，所以总是痛苦地抱怨，自己又要练习瑜伽，又要处理生活中的一切琐事，根本无暇管理网店生意。于是，我问她为何不在练习瑜伽的时候管理网店生意。

她显然大吃一惊："你什么意思？"

"你需要时间来管理网店生意，对吧？"

"没错！我有三种产品，现在需要决定将哪一种投入市场。"

"好，这是一项思考任务，对吧？这项思考任务需要你将全部精力都专注于这个问题上？"

"是这样。"

"那就在你练习瑜伽的时候，开动脑筋来思考这个问题。"

她想了想，说："那不行。既然已经决定了要费心劳力地练习瑜伽，就必须全神贯注地练、心无旁骛地练。"

"是吗？"

"当然啦！"话虽如此，可看得出来，她还在想着我的话。"那你说说，具体应该怎么做呢？假如我一边做瑜伽动作，一边产生了某个想法，接下来怎么做呢？"

"离开瑜伽垫，把想法写下来。"

"可……这样练习的方法就不对了啊？"

"可能与之前不同，"我说道，"但它只是离开了垫子的瑜伽。你只是需要在有垫子的瑜伽和没有垫子的瑜伽之间来回切换，如果能无缝转换自然最好。不管怎样，你还是在进行你的瑜伽练习。而且这样做对你更有好处，你可以有更多时间来考虑你的网店生意。"

她摇摇头："这听起来太疯狂了。"

"也许是巧妙。"我笑了笑。

"反正就是很……别扭。"

两周后，戴安娜向我汇报：

"我听从了你的建议。刚开始的几天，感觉糟透了。我觉得自己背叛了瑜伽练习，甚至背叛了自己的理想。经过这么多年冥想、瑜伽和其他正念练习的熏陶，大脑已经形成了固化思维，认为练习时需要静心、放空思绪、集中注意力、保持专注，而要做到这些，有且只有某一种方法。所以，当我想到还有另一种方法也可以做到专注，即使我的注意力被分散到其他事情上，依然可以集中精力保持专注时，我的脑海中就像发生了一场观念地震。不过，几天之后，我就适应了这种想法，甚至认为或许本该如此。我开始一边练习瑜伽，一边考虑生意上的事。那种感觉实在是怪极了，但我慢慢爱上了它，并且已经选好了要投入市场的产品。"

> 和面？要专注。切洋葱？要专注。无论做什么，都要专注。
> 好厨艺离不开"三心"：耐心、专心、恒心。
>
> ——迈克尔·波伦[1]

所有的日常练习都离不开专注，但是，每个人都应该仔细思考一下，对自己来说，专注究竟意味着什么。在某种情况下，专注可能就是一心一意地削好手中的土豆皮；在另一种情况下，专注可能又意味着一边削土豆皮，一边在脑海中设计一座摩天大楼。那些富有创意的人常采用第二种专注的方法，他们也许刷着牙就想出了一首交响乐曲，或者骑着自行车就发现了某些物理学原理。专注很重要，也很微妙，你需要找到适合自己的方法。

◈ 深思细悟

1. 你认为应该如何定义日常练习中的专注？

---

[1] 译者注：迈克尔·波伦（1955年2月6日—），美国作家、专栏作家、行动主义者、新闻学教授。

2．对你来说，保持专注有问题吗？如果有，你会采取何种措施来提升自己在日常练习中的专注度，或者在分神、走神之后，如何恢复专注？

3．谈谈你对"分散注意力却仍保持专注"的看法。

仪式感

当你为日常练习添置了某些小仪式之后，你对它就会多一份敬畏、多一份体悟。你可以精心设置一些小场景，来传达你想要好好练习的意愿，并在每次练习时不断重现，这样就会使你的日常练习有了仪式感。这种仪式感并不需要兴师动众，可能只是你在等待电脑启动时，用一种特殊的方式给自己打气，为即将进行的演讲做准备。但是，哪怕再微弱，都足以令你拥有完全不同的练习体验。

宗教就擅用各种仪式来增加人们对其的敬畏感。例如，僧徒们沿着过道列队徐行，庄重地将圣物摆放到圣坛上，还有反复念诵的经文、做出的手势、播放的音乐，圣衣及其他服饰。所有这些重复的、庄重的、缓慢进行的活动，都将宗教事务从俗事中剥离出来，令信徒对神圣与世俗有了清晰的界定。

前文所述，我在开始写作练习之前，都有一个寻常的不能再寻常的小仪式，那就是每天都选1只咖啡杯。我家的咖啡杯的确不少，但我对其中的6只情有独钟，因为它们分别购于我所喜爱的6座城市。在挑选咖啡杯的瞬间，我又能联想到那些城市，体会在巴黎或者罗马的咖啡馆写作的感受，甚至还能想起当时的一些所见所闻。我挑出的不是1只简单的咖啡杯，而是一段珍藏的独家体验。

那么，我们能想到的仪式有哪些呢？以下是来自客户们的反馈。

作家莱斯利说："巴赫！离了巴赫我根本没法儿活！每天在开始写作前，我都要听听巴赫的音乐，他的音乐有一种魔力，仿佛能把一个支离破碎的我，完美地拼凑成作为'作家'的我，于是在这种和声的共鸣之中，在一片和谐之中，我文思如泉、运笔如飞。感谢你，约翰·塞巴斯蒂安·巴赫！"

画家拉里说："其实，画画的整个过程，从摊开调色板到挑选画笔直到最后的清理收尾，都是非常有仪式感的。不过，我还添加了另一个特殊的小仪式：每次在下笔之前，花15～20分钟的时间，翻看几本画集。我这么做，不是想从中借鉴或者寻找灵感，而是出于两个完全不同的原因：一是我对绘画史非常感兴趣，希望能借此与画坛的前辈先贤心照神交一番；二是看这些作品能令我燃起创作激情。这颇具仪式感的20分钟，能令我产生自豪感，还能使我倍感振奋。"

作家比琳达说："我生活在一座古色古香的小城里，那里有许多咖啡馆（没错，也有很多家星巴克）。按理说，我每天早晨写作之前的仪式感，应该是去同一家咖啡馆，结果我却发现，自己更享受每天仔细挑选不同咖啡馆的乐趣。每天起床之后，我便下楼走到院子里，推开临街的那扇沉重的门，然后原地伫立片刻，感受着这座小城的清晨生活，为自己能从事写作而感到庆幸，接着慎重地选好今天要去的咖啡馆，便昂首阔步地向左或者向右走去。"

乐团演奏家罗伯特说："对一位乐团演奏家来说，取放小提琴的过程就颇具仪式感。先是小心翼翼地将小提琴取出，然后轻抚过琴面，感受清漆的触感，接着抚过琴弓，最后缓缓地将它放回琴盒——整个过程处处充满仪式感，除非你失去了对演奏的热爱。如果只是为了应付一次彩排或者一场演出而演奏，那么你肯定不会有任何仪式感或者特殊感觉。所以，从某种程度上来说，热爱与仪式感是相伴相生的。如果你热爱某件事物，你会不自觉地为它增添仪式感；反之，如果你不热爱或者不再热爱某件事物，这种爱的魔力就会消失，一同消失的还有你感知和创造仪式感的能力与欲望。"

的确，爱与仪式总是密不可分的。庄重威仪的仪式总是气势磅礴，而凡人意趣虽星星点点，却也熠熠生辉。女王加冕是一场庄重威严的仪式，给你的初恋女友献花同样是独属于你们的仪式。从某种程度上来说，婚礼、葬礼、加冕礼、就职礼的力量都来自仪式感。同样，日常生活中的一些特殊时刻，比如拿出生日蛋糕、唱生日歌、吹蜡烛等，也可以带来仪式感，改变我们的生活。

你想到了某种仪式或许可以帮你更好地练习。但是，你对于仪式的具体内容并不是很清楚，或者不知道这么做究竟有用还是没用？无论怎样，试试才知道。

假如你打算一直等到调整好心态，等到弄清楚仪式的方方面面，再开始练习，那么你将永远也开始不了。

——罗·米洛·杜奎特

缺少了仪式感，缺少了那些创造仪式感的行为，某些人生经历就会显得更加虚空与平庸。同理，日常练习也是这样。若要为你的日常生活和日常练习增添仪式感，可能需要你在思想上做出些许转变，甚至可能完全颠覆你的认知。也许你需要进行各种各样的尝试，才能找到真正产生仪式感的某个行为。但事实将证明，一切都是值得的。缺少仪式感的日常练习枯燥乏味，难抵漫长岁月。

▶ 深思细悟 --

1. 你认为日常练习中的仪式指的是什么？

2. 对于"日常练习要有仪式感"这一观点，你是认同还是有些反感？

3. 如果有些反感，你认为在什么情况下，你才会尝试接受它？

4. 是否可以具体描述一下，哪些仪式可能有助于你的日常练习？

快乐

我会定期在网上组建互助小组，开展名为"一起写书"的活动，每次为期4个月。活动的目标之一是帮助参与活动的作家朋友们完成他们的作品创作，另一个目标是帮助他们养成每日练习写作的习惯。虽然第二个目标的确有助于第一个目标的实现，但两者也是相对独立的两个目标。比如，某位作家可能会发现，自己总是有充足的理由不去继续创作眼前这本尚未完成的书，于是这本书可能还没写完就被搁置了。但是，假如她养成了每天坚持写作的习惯，她就不会停笔，只不过写作的内容有所变化：也许是续写10年前那本未完成的书，也许是创作一系列的博客文章，等等。

最常见的情况是，在最初的几周内，这两个目标似乎都难以达成。小组里的多数作家会发现，无论是继续创作作品，还是坚持日常练习，都不简单。这也不足为奇，毕竟他们正是因为在写作中遇到了问题，才会加入互助小组的。于是，我便每天鼓励他们，培养他们的责任感，帮助他们明确日常练习的好处，或者说是必要性。

起初，他们都有些抵触情绪。可几周之后，有趣的事情开始发生。某一位作家会在自己的"每日签到帖"中说："我今天写得很开心！"在其他作家哀怨四起的许多抱怨帖中，这个帖子宛如一股清流，令整个互助小组的气氛变得热烈起来，大家纷纷发帖称："你竟然写得很开心！太不可思议了！你是说……写作还能是件快乐的事？"我笑而不语，只是静静地让他们分享此刻的快乐。

两天后，又会有一位作家来分享类似的快乐，可能还带着一些兴奋与惊喜："我今天很开心！我简直不敢相信！"

但是，这种快乐并不会持续下去。一转眼，他们快乐的心情就会被放弃的念头所取代。在短暂的喜悦之后，他们往往又会回归到艰苦的练习中，回归到不知该如何写下去的迷茫中，回归到那种焦虑的、心烦意乱的状态中，回归到对写作的质疑中，回归到……之前的常态中。但此时，互助小组中的每一位作家都有了快乐的记忆，他们的抱怨声逐渐微弱了，那份快乐的记忆，那份甚至都不属于他们自己的快乐记忆，令他们的心态发生了转变！哪怕只是组里的某个人得到了快乐，哪怕只有一天，哪怕只有半个小时，也足以对其他人产生影响。

也就是说，你无法每天都能从练习中得到快乐。但是，快乐偶尔会出现，也许只是一丝细微的快乐，甚至都无法令你嘴角上扬，展露一个微笑——然而，这份快乐是实实在在的、可以感受到的。不仅如此，这种快乐的出现可能会越来越频繁，持续的时间也可能会越来越长。实际上，在坚持练习的一整个夏季里，你可能一直是快乐的。你可能真正地爱上了演奏那首协奏曲；即使画上一个月，你也可能始终热情满满。日常练习有何种魔力？它能为你的人生增添欢乐。

你能够强行在日常练习中增添快乐，或者规定日常练习必须要快乐进行吗？不能。但你可以邀请快乐进入你的日常练习，也就是自塑主义中所谓的"迎接的姿态"。我们常常在不经意间，无意识地对生活感到失望，甚至绝望，认为人生就是一场骗局。在对人生做出了全盘否定之后，我们就像一位残忍的罗马皇帝一样，把快乐也一并处决了。于是，我们要做的就是重新对生活竖起大拇指，即使找不出这样做的理由，也要乐观生活。我们只有刻意摆出这样的姿态，才能敞开心扉迎接快乐。

在你竭尽全力时，在你向着人生目标前进时，在你实行善举时，在你完美地办成某件事时，在你无私奉献时，在你做出创新时，在你砥志研思时，是可以收获快乐的。只不过，我们可能习惯于忽视这份快乐，觉得它微不足道。尽情享受这份快乐吧！

享受当下所学所做，这是世界上最难理解的观点之一，更难的是将其付诸实践。

——卡鲁·帕普里茨

你的日常练习是进行身体康复训练？快把快乐请来。你的日常练习是向各方发邮件请求支援某项研究？快把快乐请来。你的日常练习是认真管理焦虑情绪？快把快乐请来。你的日常练习是背诵个人秀的台词？快把快乐请来。大概你也能感觉到，在这几种情况下，快乐是不太可能不请自来的。这几项日常练习的内容从本质上来说，都不太能产生愉悦感。它们不同于陪孩子玩闹或者与爱人安享时光这些事。从表面上看，它们本身是无法召唤快乐的，所以必须由你开口："来吧，快乐，过来看看。"

诗人兼评论家露易丝·博根坚称（我猜她当时一定正处于狂喜之中）："我不相信神秘的宇宙是围绕着痛苦运行的，大千世界的绮丽多姿一定是诞生于纯粹的快乐之中的！"我们可以得到纯粹的快乐吗？未必。那么些许的快乐呢？那是一定的。相信每个人对此都有所感触。些许的快乐不仅可以获得，而且如果你敞开心灵的门窗，邀请它进入你的人生，那么你收获的快乐可能比想象得要多。

你努力实现人生目标，矢志不渝地创造人生的意义，你应当引以为傲，应当去享受日常练习带给你的些许快乐。虽然日常练习可能无法每天都给你带来快乐，而且它还会令你快乐并痛苦着，因为你直面生活的种种现实实干笃行。但是，从本质上来说，以勇于拼搏、勇于担当的自豪心态对待人生，本身就是一件乐事。试一试，看看你的日常练习是否也能给你带来些许快乐。

深思细悟

1. 如何在日常练习中感受到更多快乐呢？

2. 你的人生过得快乐吗？如果不快乐，你知道原因是什么吗？

3. 试着邀请快乐进入你的人生，想象一下，于你而言，那会是怎样的场景？

自律

日常练习的这个要素——自律，与下一个要素——虔诚，是相辅相成的。事实证明，如果不够虔诚，是很难做到自律的。假设有这样一个人，他是个"大嘴巴"，总爱"嚼舌根"。可此时正值战时，乱说话可能会丧命。所以，他很可能会想方设法地管住自己的嘴，因为这直接关乎着他的性命。诚然，即使在这种情况下，有些人可能还是管不住自己的嘴，无所顾忌地传闲话。但是在巨大的风险面前，保持沉默的概率会大得多。

日常练习的多个要素共同作用，有助于你在进行困难的练习项目（比如开展在线业务或者进行康复训练）时，保持必要的自律。比如，定时和重复，认真严肃的态度，你为日常练习增设的小仪式，你的自主性，你所珍视的责任感和自主意识，都将帮助你保持自律。换言之，各式各样的方法，不仅能使你重视并坚持日常练习，还将有助于你在日常练习中保持自律。

尽管如此，对许多人来说，自律依旧是一件难事。有些人对于自律这件事本身就很抵触：就那么一直坐在那里，按部就班地做着同一件事，遇到困难了也不动声色，只咬牙克服，对陈规旧律也不奋起反抗，只一味顺从。自律像是一种行为方式的固化，许多人都无法忍受这一点，而这多与童年受到的心理创伤或者其他负面经历有关，这些经历会逐渐融入他们的人格，成为难以改变的人格特征。

假如自律对你来说是一项挑战，那么你的日常练习肯定也会受到影响。所以，除了首要的练习内容，你还需要选择第二项练习，来帮助你保持自律，比如人格提升练习或者本书中部将介绍的正念练习。例如，如果你的首要练习任务是进行康复训练，那么在开始之前，你可以花5~10分钟进行一个正念练习，告诉自己"我可以坐在这里，接受这些想法与感觉"。倘若你发现自己在进行首要练习时，总是无法保持自律，那么问题很可能出在你没有进行这个额外的正念练习上。

如果你能真正做到自律的话，那将是一件很棒的事。有些人选择的自律，是压力下产生的自律，即屈从于外部社会压力或者内在心理压力而产生的自律，这种自律的能量是有限的。假设你是音乐领域的一位青年才俊，而你之所以每天规规矩矩地练习，是因为这是你父母的要求，那么这种自律并非你真正所需要的、优异的、包容的、自主的。同理，因为害怕打破常规才遵守规则，也不是真正的自律；因为想要惩戒他人才遵守纪律，也不是真正的自律。

珍妮特是我辅导的一位客户，她就遇到了这个问题。从小到大，无论是上学还是工作，她一直表现得十分自律。她工作起来不分分内分外，总是早早地就把一切都安排妥当，虽然瞧不起身边不自律的同事，但也未曾有所表露。直到她发现，自己无法写完那本奇幻小说。在创作领域，她似乎找不到令自己自律的方法。提及此事，她不禁摇摇头。

"到底怎么回事？"她懊恼地问道。

"嗯，你说你的父母都是坚守纪律之人？"

"没错。"

"你认为那是件好事吗？"

她犹豫了一下："有好也有不好。"

"怎么说？"

"坚守纪律，可以办成事，这是好的一面，只是有点太过……不近人情了。"

"那这么说……他们算专制吗？"

她想了想，点点头："是的。"

当伟人们说，他们靠的不是天赋而是后天的努力时，我们应该相信吗？相信他们的话肯定会有一点不好：假如真的需要天赋的话，我们的努力可能就是在白费力气。但是，相信他们的话肯定也会有一点好：万一勤奋真的是成功的关键呢？

我通过勤奋与汗水所取得的成就，任何有耐力且自律的人都可以取得。

——约翰·塞巴斯蒂安·巴赫

"所以，事实上，你也许并不是一个自律的人。你可能更倾向于是……一个服从者。"

听到这里，她的眼泪夺眶而出，好久都没有做声。

"也许吧！"她最后轻声说道。

"我们来看看两者的区别，被迫自律与自愿自律是不一样的。你在前一方面一直做得很好，那么后一方面呢？或许你还未能做到。"

"自愿自律。"她低喃了一句。

我点点头。

"自愿即自由，可是自由与自律似乎是无法并存的。"她说道。

"但是，你必须将它们合二为一，不是吗？这正是关键所在。"

她点点头，又赶忙说道："但是，一定不能是'我可以自愿选择要不要自律'这样的结合方式，那根本误解了两者结合的真正意义。"

我们就那样静坐着，相对无言。

过了一会儿，她说："应该更像是这样，'自愿选择的自律'，这与'自愿选择要不要自律'，感觉上还是很不一样的。"

"不错！"我满意地喊了一声，"那接下来你打算怎么做呢？"

她想了一会儿，说："我只想反复对自己说，'你是自愿选择自律的'。此外，我不想刻意去做其他任何事情。我不想刻意添加其他事情来让自己在练习时保持自律，不想用刻意的自律去给写作或者其他事情增加负担。我并不想制订什么计划，只想反复用那句话提醒自己。然后，就拭目以待吧！"

"不妨试一试。"我笑了笑。

"那就这么决定了！"

日常练习作为一种重要的手段可以表明，至少在人生的某个时间段，你是愿意保持自律的。你在日常练习中表现出的自律，每天不间断地练习，为练习竭尽全力，尤其是在有所懈怠时依然坚持练习，这些其实都是在为你过上自律的人生积蓄力量。即使只是在日常练习期间保持自律，也能够使你在生活中的其他方面养成自律的好习惯。

深思细悟

1．阐述你对"自律"这个词的理解。

2．你反对自律吗？是否觉得自律很烦或者与你的性格不符？如果反对，你可否为了实现自己的人生目标，试着改变自己的想法？

3．如果你是一个极度自律的人，你能分辨出自己是倾向于被迫自律还是自愿自律吗？如果倾向于前者，你会如何将其转化为自愿自律呢？

虔诚

虔诚，一定是饱含着爱意与价值感的：我们之所以对某个事物保持虔诚，是因为我们感受到了它的价值，也是因为我们热爱它，对它充满热忱、充满好奇，想要更多地了解它，等等。幸运的话，日常练习也许会成为我们世俗的一生中为数不多的朝圣之旅之一。

鲁契亚诺·帕瓦罗蒂就深谙此道。这位已故的歌剧巨星曾说："人人都认为我是自律，其实我不是自律，而是虔诚，两者是有很大不同的。"的确如此，假如只是为了保持自律的生活方式，而让我一本接一本地努力写书，那我将很难做到，或者说根本就做不到。事实上，我之所以能坚持笔耕不辍，是出于对写作的热爱。虽然这份爱如潮水时涨时退，但它永远不会完全消失，一些朦胧的爱意会始终存在。

如果你设立了某个人生目标，打心眼儿里认为它就是你人生的部分价值所在，并且你深深热爱着它，那么你就会虔诚地对待它。虽然它可能会令你有压力，你会因为它而烦恼、沮丧，甚至痛苦，但是在内心深处，你明白它是值得拥有的。

自塑主义认为，事物的意义是可以被赋予的。也许在孩提时代，你曾被音乐所感动；十几岁时，演唱会上的音乐又令你感到兴奋和迷恋。于是，无论是深思熟虑也好，一时冲动也罢，你都奋不顾身地投入音乐的世界。如今，音乐世界已经永久地成为你实现自我价值的宝地，通过不断地练习与演奏，你还在持续地赋予它更多意义。同时，你还会利用与优秀音乐家同台演出的机会，牢牢把握人生的重大机遇。

何为虔诚？那是凡人精神的飞跃，是想要一探究竟的好奇，是矢志不渝的热爱，是在无望之海上欢腾的希望。

只有全身心地投入某项事业的人，才能成为真正的大师。因此，只有虔诚地献身才能成就非凡。

——阿尔伯特·爱因斯坦

总之，无论是有意还是无意，你已经本能地将音乐当作实现自我价值的舞台。音乐就像是一剂解毒剂，精准无误地治愈了你的空虚感。当然，你所追求的事业恰好能完美地弥补空虚的人生，成为你虔诚奉献一生的事业，这在很大程度上是有运气成分的。但是，你已经被赋予了那份运气，那就是与音乐的相识。

当然，这并不意味着虔诚的奉献就不会遇到阻碍。但是，解决事业上遇到的问题而受阻，与因为所专注的事业对你不再有意义而受阻，是完全不一样的。两者的意义是完全不同的，并且第二种情况一旦出现，就很难再有转圜的余地。

若能怀有一颗虔诚之心，那自然是好的。但你能永葆这份虔诚吗？很遗憾，不能。假如你靠演出获得的收入十分有限，那么即使再不情愿，你也得去找一份正式的工作。于是，就这样年复一年。后来，你结婚了，有孩子了，每天上班、下班，虽然也结识了乐团的兄弟，偶尔也会参加演出，但此时你不过是走走过场罢了。

在你的心中，音乐已褪去它的光环。是的，你内心深处可能依然爱着它，但如今，它已成为你的痛苦之源。你嫉妒朋友们的成功，你不再渴望舞台，就连练习也开始断断续续。乐队成员间总是龃龉不断，这令你心烦、恼怒，开始对他们发火。甚至有那么一刻，你想过要把你的吉他永远地束之高阁。对音乐的爱还在，可那份虔诚已消失殆尽。

那么，如何在日常练习中始终保持虔诚的心态呢？首先，你是否真的能对日常练习的内容产生虔诚之心。如果你做不到虔诚的话，可能就需要用一些额外的方法来约束自己；而如果你对日常练习的内容足够虔诚的话，就无需刻意强调自律了。

其次，即使你认为自己对日常练习足够虔诚，这份虔诚也会随时间而消退。我认识一位修女，她对自己的修会、嬷嬷和上帝是虔诚不渝的。可即使是这样深刻的虔诚之心，在某个瞬间也会戛然而止。可能你开始不喜欢自己日常练习的内容，如超现实绘画或者行为艺术不再能打动你，你对它们失去了兴趣。又或者你可能对自己感到失望，认为自己错失了良机、辜负了自己。有太多的理由，会令我们渐失虔诚之心。但正因为如此，我们才需要小心呵护它。一旦发现虔诚之心逐渐式微，就应在它完全熄灭之前，令其再度复燃。

◈▶ 深思细悟 --

1. 在生活中，你对许多事物都怀有虔诚之心吗？

2. 你通过日常练习想要达成的目标，是你想要为之虔诚献身的事业吗？如果不是，有没有什么方法能令你对其多一些热爱、多一些投入呢？

3. 假如你感到自己的虔诚之心正在逐渐式微，你会尝试用什么方法令它再度复燃？

重复

重复，就是一遍一遍又一遍……

倒不是说世人不喜欢甚至不渴望重复。去拉斯维加斯的赌场里，看看那些玩老虎机的人吧！他们中有些是奔着赌博赢钱去的，但大多数似乎只为享受痴迷的快感，那种在不断重复的动作和声音中产生的迷眩感，甚至女侍者定时来询问是否需要饮料，都构成了那种重复快感的一部分。这种重复的体验像是我们有时真正渴望的重复。

有些重复会令我们心烦气躁，比如在流水线上装配或者品控的工作；还有些重复会令我们轻松愉悦，比如第无数次观看最爱的某期节目。这足以证明，我们究竟是喜欢还是厌恶某种重复，取决于重复的内容与背景。所以假如你在日常练习的过程中，听到自己抱怨说："我讨厌不断地重复！"你得明白自己的表达其实并不准确。实际上，有时你不仅不讨厌重复，甚至还渴望重复。

我们有时不仅渴望重复，甚至还需要重复。因为重复可以给我们力量，百炼成钢。成百上千次的罚球练习，反复地使用新学的外语词汇，为扮演《哈姆雷特》戏剧中的角色而反复排练台词，等等，这些反复的练习都是至关重要的。保罗·塞尚①曾经多少次注视、描绘那些远山？一位女兵要经过多少次的装卸武器练习，才能做到盲拆和盲装？一定是很多很多次。

正确的重复练习有利于大脑的发育。它能高效地锻炼大脑，即刺激神经通路。

任何神经通路都是借由重复练习建立并强化的，这正是练习之所以重要的原因。

——布里特·安德拉塔

一般来说，实践都离不开重复。我写的书，每一章都需要反复校对，以确保没有漏字、错字或者其他小差错。电脑程序是无法帮你补上漏字的，只有靠作者本人，而且很难一蹴而就。因为在第一二遍校对时，作者只能凭直觉补上遗漏的字词，所以即使通读过两遍，感觉某章节已经没有问题，依然需要校对第三遍，对补充处进行润色。这种重复无法令人感到愉悦或者享受，单纯只是出于需要。

学会那个和弦，弹好那首奏鸣曲，抓住远山的意蕴，对武器了如指掌，或者补上那个遗漏的字词，这些真的重要吗？重要。因为敷衍马虎或者没达到要求，会令我们感到失望。当然，成书后才发现有一处错误（或者有问题，却根本没能发现），或者在音乐会上弹错了一个音符，也并非不可饶恕。即使我们能够接受不完美，那也不妨碍我们

---

① 译者注：保罗·塞尚（1839年1月19日—1906年10月22日），法国后印象主义画派画家。

追求完美。

重复是微妙的，有利也有弊。生活中，我们用重复的动作来减少焦虑，比如反复洗手，既可以缓解我们对细菌的焦虑，也可以缓解生活的压力。有的画家反复创作同一题材的作品，并非是只钟情于这一题材，而是熟悉的题材画起来得心应手；有的歌手一首歌翻来覆去地唱，只是因为担心听众接受不了他唱新歌。艺术家惯用重复来避免焦虑，但代价是无法成长、蜕变和创造价值。

重复究竟何意呢？可以是反复弹奏同一个旋律，也可以是尝试新的曲目。你需要重复的是每日练习的行为，而不一定是练习的内容！

伟大的作家，是不断创作一个又一个新故事，而不是反复重写同一个故事。

——斯科特·威廉·卡特[①]

我有一位客户是室内设计师，擅长设计以三角形为主的前卫图案。那也是他惯用的风格，客户也都喜欢。可时间一长，他就对这种风格形成了依赖。虽然他也清楚自己必须创造新的元素，但客户们还是要求他沿用三角形图案，他也不太愿意做出改变。我的另一位客户是一位浪漫主义作家，即使已经对浪漫主义体裁失去了兴趣，她还是反复创作这一体裁的作品。虽然她也有真正想创作的类型，但每次构思情节都令她焦虑不安，这似乎完全超出了她的能力范围。显然，在

---

① 译者注：斯科特·威廉·卡特，美国科幻文学、奇幻文学、青少年与儿童文学作家。

这两个例子中，重复并非最优解。

由于情况复杂，我们需要时刻保持清醒，正确区分何时需要重复、何时不应过度依赖重复。通常情况下，重复都是必需的。脱颖而出有时也靠运气，但更多时候是凭借着反复的练习，是一遍又一遍地演奏那首曲子，一遍又一遍地查漏补缺。重复会给日常练习带来问题，但在大部分情况下，它却是日常练习的命脉所在。

◈ 深思细悟

1. 重复的内涵很微妙，请深入思考其微妙之处。

2. 请自行描述一下，在日常练习中，重复的好处及必要性。

3. 请自行描述一下，重复在日常练习中可能引发的问题，比如重复练习是否可能太过机械或者偏执。

4. 你是否觉得自己无法做到正确地重复练习？如果是，你会尝试通过哪些方法来应对这个挑战？

创新

假如要坚持写作练习，每天都要花时间写作，但有时我们真的不想写。我们很清楚，以当下的心情和状态，根本无从动笔。我们几乎能感觉到今天就要放弃写作练习了，但又想起创新也是日常练习的要素之一。于是，我们对自己说："今天我要做点儿不一样的，我要带着书稿去咖啡馆写。书稿和我都需要放假，但不是分开，而是一起度假。今天我就要去边写书边度假啦！"

假如我们每天都要为演出坚持练习。我们已经写好了一首新歌，这是很久以来我们最满意的一首。但是今天，我们觉得不能再继续闭门练歌了，因为很快它就会与听众见面了。一想到马上要演出，我们就开始焦虑了，这个问题必须解决。所以，我们没有像往常一样反复排练，而是给一位朋友发了条短信："快上视频通话网站，给你听听我的新歌！期待吗？"虽然这与我们平时的练习内容大相径庭，但我们都明白，此时此刻，这才是我们最该做的。

我们为了人生目标而练习。一直以来，我们都按部就班地朝着目标在努力，自从确立了目标，并制订了相应的练习计划之后，我们的人生变得更充实了，在坚持练习方面也一直做得不错。总体来说，我们一直为自己能够坚持练习，并且全身心地投入而感到骄傲。然而，似乎哪里出了差错。于是，这天早晨我们重新审视自己的人生目标清单，问出了那个可能具有颠覆性的问题："这张清单需要更新一下吗？"问出这个问题需要极大的勇气，而答案一出口可能就是一场人生地震。尽管如此，我们还是得问。

假如你将智慧、才能、求知欲、天赋和全部的创造力都投入到某件事中，你就一定能有所创新。仅凭练习是无法创新的，还需要一种对自我成就、对新鲜事物、对卓越超群的渴望。

熟能生巧，但不能出新。有音乐天赋的人通过练习能弹奏出华丽的莫扎特和优美的贝多芬，却无法谱写出自己的乐章。

——亚当·格兰特

虽然我们讲究的是定期定时、按部就班、严格自律和反复练习，但这并不代表日常练习的方式必须一成不变。日常练习可以有所创新，或者说需要创新。对于日常练习，我们必须坦诚相待，假如出现了中断的情况，或者开始感到厌倦，又或者感觉哪里出了问题，我们就可以提出疑问："是否需要一点新意？做出一些改变？一些创新？"虽然我们推崇日复一日地反复练习，但我们也认同，日常练习有时需要一些创新。

格里是一位成功的作家，拥有不少口碑之作。正因此，她成了家中"主外"的那一个，这令她的丈夫十分恼火，因为他的园林事业变得可有可无。于是，他带着满心的嫉妒与愤怒，在窗外的花园里愤懑地忙碌着。那扇窗内是格里的写作角，因为她很喜欢窗外的风景，也很享受在窗前写作的时光。不过，如今从窗内望出去，她却只能看到丈夫愤怒的身影。

一连几个星期，格里都没有细想这件事，表面上也一如往常。只是，她遇到了前所未有的创作瓶颈。后来，她经过反复思考，终于想明白了。不过，由于强烈的自尊和对打破常规的畏惧，她还是选择了维持现状，试图如往常一样在窗前写作。结果，写作进行不下去了。

某天清晨，她起身径直去了另一个房间。她的写作生涯和日常练习需要她做出改变，她知道这必会招来丈夫的非议，他一定会嘟囔个不停，最后演变成指责和抱怨。她听见丈夫说："你还得换地儿？我就这么打扰你吗？"格里知道自己又陷入了两难之境：她没法给出肯定或者否定的答案，只能如鲠在喉。但这次，她决定不再沉默："倒也没太打扰，就是让我没法儿写书了。"

于是，奇怪的事发生了。她发现换了一个空间之后，自己想写一本不一样的书。在她漫长的写作生涯中，还从没同时写过两本书。虽然她经常在写一本书的时候，速记下关于另一本书的一些想法和片段，但真的要同时写两本书？她从没真正想过这种可能性，可如今，她已经这么做了。

最终，丈夫不再在窗前晃悠了，格里也得以回到老地方写书。但如今每个下午，她都会欣然去往她的第二写作角，进行第二项写作练习。没想到，丈夫这么一闹，反倒使她的每日创作量翻了一番，这令她欣喜不已。她不禁想到，或许自己很快就能靠写书挣到足够的钱，提高自己的生活质量。

在日常练习中，不需要刻意为了创新而创新。假如你的练习如小火车般，呼咻呼咻地一路向前，那你根本无需做出改变。但是，当你的练习需要有所改变时，你就应该及时进行调整，尝试添加一些新的元素和创意。"我的练习永远不需要改变!"这种话未免太武断,那有什么更合适的口号呢? "我的练习,该保持时保持,该创新时创新!"

◈ 深思细悟 --

1.假如你目前的日常练习需要一些创新,你认为会是何种创新呢?

2.你认为自己是倾向于保持练习一成不变,还是倾向于时常对练习做一些改变?

3.你如何在重复与创新之间找到平衡呢?

自信

照着菜谱做菜自然没错，但是假如你真的爱吃胡萝卜，在汤里多放几根又何妨呢？因循旧法自然没错，但是假如能有更好的效果，对其稍做改动又何妨呢？听信专家的话自然没错，但是不也有一些自称专家之人，根本不配专家之称吗？遇事多一份质疑不是很明智的吗？"欲信人者必先自信"，这难道不是更应牢记的人生准则吗？

实际上，日常练习正是建立在自信的基础之上的，假如你不相信自己的决定，日常练习就无法进行。试想，你决定要实现人生目标，决定要对自己的人生负责，要实现自我价值，要对某件事保持绝对的投入与自律，但你又不相信自己能做到，那还怎么进行练习呢？首先，你得信任练习，相信通过日复一日、年复一年的努力，自己可以配得上这份信任。倘若信任的时间足够久，你就会越来越自信。

那么，在日常练习中，自信究竟有哪些表现呢？假设你刚开始坚持康复训练一个月，你喜欢那种全身心投入训练的感觉，或者说你对于当初自己做出的这个决定感到满意。但现在，你多多少少有些疑虑了，因为目前你还没看到任何成效。尽管如此，你还是会觉得现在放弃为时尚早，还是应该继续兑现自己的承诺，不是吗？许多人一见收效甚微，便立刻放弃练习。但是你会想，难道我刚制订的康复训练计划不值得我再信任它久一点吗？信任练习，不就等同于信任自己，信任自己制订的康复训练计划吗？

或者，假设你正在努力拓展在线业务，你每天都单独拿出一小时，用来联系明星、网红及其他能帮你推广品牌的重要的市场参与者。你每天的练习就是去建立业务关系……这听起来有些与众不同，但你有些心里没底儿。因为你觉得自己只是个无名之辈，与你要找的那些人完全是两个世界的人。那么，你是否有办法令自己相信，从某种本质上来说，你们其实是平等的？你是否有办法令自己相信，你和你的业务也是有价值的？

又或者，假设你想成为一名活动家，你为此制订了练习计划。你知道，世界上有些人正在遭受非人的虐待，这令你怒火中烧，你决定要为他们去抗争。你不顾自身安危，打算组织抗议活动、游行示威、写文批斗。你已经下定决心，要尽你所能锄强扶弱。只一点，你不相信你能控制住自己的怒火。你深知自己本性如此，担心自己会越界，出现一些危险的言行。所以，你只得强压怒火，把计划暂时搁置。你是否相信自己能控制住情绪呢？或者说，如果做不到这一点的话，那你是否相信自己可以找到其他更温和的方式来为弱者提供帮助，而不是像现在这样袖手旁观呢？

最后一个例子，假设你制订了一项改善亲人关系的练习计划。为了修补你与妹妹之间的关系，你决定坚持每天与她聊天。但她话里话外总是夹枪带棒，这也正是当时你俩疏远的原因，而且你认为她会一直对你恶语相向。如果她继续辱骂你，而且你认为她不会悔改，那么这项练习还要继续吗？究竟要用怎样的自信来应对这种情况呢？或许你应该相信，自己是对的，为了自己的心理健康，你有必要远离妹妹？如果事实果真如此，那就中止练习计划，远离她吧！在这种情况下，自信可能会导致练习的中止，那就中止吧，无妨！

你的日常练习是私下进行的吗？可以私下进行，但并非必须如此。假如想要的话，你完全可以公开练习，请相信，你一定知道自己需要的究竟是哪种方式！

我无法忍受自己坐在一间屋子里独自弹奏，我需要有听众一直在我身边。可以说，我的日常练习一定是公开的。

——鲍勃·迪伦

相信自己，这句话在不同情境下有着不同的含义。有时，你要相信自己应该继续前进；而有时，你要相信自己必须停止。有时，你要相信性格上的某些优势可以令你化险为夷；而有时，你要相信某些性格缺陷可能会战胜理智，令你做出过激的行为，比如站上法庭、参与游行或者发出那封邮件。

当然，太过自信的情况也是有的，具体表现为自恋、自大、狂妄、固执、爱胡思乱想、痴心妄想等。比如，一个音符都没唱过的你，认为自己能够在《阿依达》[1]中担纲主唱；比如，身高只有1.5米的你，认为自己能够在职业篮球队中打中锋；再比如，认为自己可以在"水上行走"[2]，这已经不是自负，而是精神失常了。不过，在日常生活

---

① 译者注：《阿依达》是意大利作曲家威尔第创作于1870年的一部歌剧作品（四幕歌剧）。

② 译者注："水上行走"的典故出自《圣经》，《圣经》中记载了耶稣在水上行走的一幕。

中，基本的、坚定的自信还是要有的，否则很容易遍体鳞伤、误入歧途。你不是遭风吹的羽毛任人摆布，你要相信自己，主导自己的命运。

深思细悟 --

1．仔细想想你在自信这方面做得好不好。

2．你是否过于自信，甚至有自恋或者自大的倾向？如果有，你会如何控制这种倾向？

3．如果过于自卑，你将如何提升自信？单独进行人格提升练习会有效果吗？

热爱

你端坐桌前，正费力地钻研一道数学难题。你的热爱何在呢？你热爱它，因为它令你头疼？因为它令你一筹莫展？也许，你对努力的自己产生了几分敬意，为自己的自律与投入感到欣慰，为自己面对如此难题还能保留一份怡然自得而高兴。可是热爱呢？你的热爱源于何处呢？

我想，是源于生活吧！你将对生活的热爱渗入日常练习之中，仿若阳光透过薄薄的窗帘照射进来，那是一种温和的爱，是对生活中那些珍贵点滴的热爱，譬如自由、传统和孩子的微笑。当一个孩子对你微笑时，你浑身洋溢出的那份爱意，是否能被带入你的日常练习中呢？还是应该尽力一试的，那多好呀！

缱绻旖旎是爱，激烈昂扬也是爱。我就喜欢唱《马赛曲》，虽然唱得不好，但并不妨碍我引吭高歌。这首被几任君王屡禁的自由赞歌，其中饱满的反抗情绪和对自由的执着追求，都正中我的下怀！"颤抖吧，暴君！"诚然，由于词作者是一位君主主义者，所以歌词的准确含义至今未有定论，但是其背后的深意是人尽皆知的。影片《卡萨布兰卡》中亨弗莱·鲍嘉扮演的里克，他虽然玩世不恭地叼着烟，但他依然会送走伊尔莎，依然会与雷诺一起加入反法西斯阵营。

我还喜欢参观大英图书馆的珍品廊，《爱丽丝梦游仙境》的原稿和《大宪章》的官方手抄本就并排摆放在那里，那可是《大宪章》①啊！哦，准确地说，应该是《自由大宪章》！在我看来，两者被摆放在一起是一种天意。天性多疑的爱丽丝，不满皇后们动辄砍头的做法，这个向往着自由的孩子，伴着英国旖旎的田园风光进入了梦乡，而静静地躺在旁边匣子里的那份文件，则赋予了她质疑的权力。

　　同样令我热血沸腾的，还有扭转了二战局势的诺曼底登陆。试问，如此大规模的登陆作战可有先例？7000艘舰船横跨英吉利海峡，数千架战机从头顶轰鸣而过。试问，可曾有过比这更壮阔、更恢宏、更令人心潮澎湃又触目惊心的场面？这场血流漂杵的正义之战，以数十万将士的伤亡而告终。你是否与我一样，也产生了敬畏之情呢？

　　显然，这些都与日常练习无关，但它们使我们看到了热爱可以源自何处，而这份热爱又以某种形式进入了我的日常练习之中（此时此刻正是如此）。那么，你是否也难以抑制地热爱着什么呢？你该如何将那份热爱融入日常练习中呢？请仔细想一想，办法一定有的！如果没有，那该多遗憾啊！

　　又或者，你的爱比较古怪。我曾写过一本书，名为《头脑风暴》。在书中，我介绍了各种各样的小癖好。比如，有人喜欢逛纽约皇后区的墓园，有人热衷于记录当地的潮汐数据，有人醉心于印刷机字体的研究，有人迷恋落叶，有人享受仰望星辰的乐趣，有人痴迷旧物修复。

---

　　① 译者注：《大宪章》也称《自由大宪章》，英国封建时期的重要宪法性文件之一。1215年6月15日金雀花王朝国王约翰王（1199—1216在位）在大封建领主、教士、骑士和城市市民的联合压力下被迫签署。全文共63条，主要内容是保障封建贵族和教会的特权及骑士、市民的某些利益，限制王权。

你热爱什么？也许是潜水！

我喜欢潜水者。所有的鱼儿都可以浮游水面，但唯有大鲸才能下潜至数千米的深海。

——赫尔曼·梅尔维尔[①]

当然，如果这种癖好耽误了你干正事，致使你对言行有失的孩子不管不顾，或者时常翘班，那就另当别论了。而不误事的热爱，我们称为"无辜的爱"，在这种热爱之下，哪怕你爱的是雨、是落叶、是酒曲，又有谁会置喙呢？假如你想根据自己的癖好制订一个日常练习计划，或者用某种仪式来满足自己的这份癖好，比如将自己的周围铺满秋叶，又有何不可呢？

我曾经共事的一位女士，非常喜欢意大利。她在托斯卡纳办了一个纪实文学静修会，参与静修的都是科普作家，所以她总喜欢去意大利。后来，她将自己对意大利的热爱融入日常写作练习中，方法是将她小书房的灰泥墙刷成了那不勒斯黄。即使她的创作主体是纳米技术和混沌理论，即使与意大利毫无关系，也无妨。因为那抹黄色足以温暖她的心灵，令她的作品有了温度。

还有巴里，一个痴迷于"世界末日钟"的画家。这面钟是一个虚拟钟面，由《原子科学家公报》杂志社负责调拨，标示出按照他们的估算，人类距离象征着世界灾难降临的午夜12点还有多远。"人类距离午夜时分只有2分钟"的这一认知，对巴里很受用。这种带着紧迫感的

---

① 译者注：赫尔曼·梅尔维尔（1819—1891），19世纪美国最伟大的小说家、散文家和诗人之一，与纳撒尼尔·霍桑齐名，在20世纪20年代声名鹊起，被普遍认为是美国文学的巅峰人物之一，也被誉为美国的"莎士比亚"。

爱激励着他每天都要画10个小时的画。"一刻也不能浪费，"他笑着说，"时间紧迫啊！"从某种意义上来说，这种带有讽刺意味的爱也是真正的爱，就像那些伟大的讽刺家对文学作品的爱一样，很难说马克·吐温和乔纳森·斯威夫特不会爱上"世界末日钟"。

还有一项日常小练习，也承载着我的热爱。多年来，我一直在整理艺术家语录，并将其编纂成册，每天都会翻翻。其中的许多条，每每读到，还是不免动容。一切始于30年前，当时出版商杰瑞米·塔切尔正准备出版我的新书《不惧创新》，他让我收录一些名言添加在书中空白处。当时收录的那些，我实在喜欢，于是便将这一习惯保留至今，每天对这些名言重温一二，确是一桩乐事。

也许是天空呢！

我喜欢（画）天空。一定是古希腊的天神宙斯与太阳神阿波罗在蛊惑着我。

——斯蒂芬·马尼亚蒂

自律或者重复这类要素，在日常练习中具体应该怎么做是很明确的。但是热爱呢？如何把对事物的爱意转化为日常练习的一个要素，并真正地付诸实践呢？我希望你们能找到转化的方法，我真的建议你们去试一试。缺少热爱的日常练习是冷淡的，甚至冷漠地不愿去想，用热爱来温暖它吧！

1．请自行描述一下，热爱对于日常练习的意义。

2．你会如何在日常练习中融入更多热爱呢？

优先

当你在进行日常练习时，它就是眼下最重要的事，优先于其他一切。诚然，生活中重要的事有很多，但在那一段时间内，再重要的事也没有眼下的这件事重要。在进行练习的时候，你要暂时搁置手中的一切，抛开杂念，不去想什么限期将至，也不考虑其他同样重要的练习项目，此刻的练习高于一切。

你的大脑赋予了它优先权，你的身心赋予了它首要性，此刻的练习就是最重要的。你选择了潜心练习，就必须全身心地投入。练吉他也许不是你人生的首要大事，但在练习的时间内，它高于一切，因为相较于人生，就这一天而言，它显然是最该做的事。

自塑主义的目标之一，便是在正确的时间做正确的事。也就是说，此时此刻要做的事可能不止一件，但你必须选择眼下最正确的那一件。你可以选择继续为了某项事业奋斗，可以写小说，也可以与孩子谈心，还可以重新粉刷客房或者休闲放松。根据当下的具体情况，以上这些都可以成为你的选项。但是，一旦做出选择，你就必须赋予它绝对的优先权。

一些基本的优先级排序还是有必要的，而且并不是针对某一天，而是应当始终如此。你需要对一天中的各项活动进行排序。到了指定的日常练习时间，除了不得已的、必须紧急处理的状况，必须开始练习。在这一段时间内，练习就是你唯一应该关注的。因为这是你自己的选择，既然选择了就应全力以赴，竭尽全力实现自己的人生目标。

你之所以静下心来进行日常练习，并非是习惯使然，或者是机械地重复，而是每天你都听见自己清楚大声地表态："因为这件事很重要。"事实上，要承认某件事的重要性并不难，可对许多人来说，真正说到做到却很难。他们之所以一连数小时看电视或者网购，并非是因为这些事很重要，这些事根本无足挂齿。他们常常挂在嘴边的是"打发打发时间"或者"满足一下我的购物欲"，而不是"来做最重要的事情"。他们并没有围绕自己真正珍视的目标来安排自己的人生。

最优项的得出离不开价值评估。你会适时地考量眼下这件事比另一件事更有价值，比如这件事值10分，那一件9分，另一件2分。唉，可是2分的那件事看上去很有趣啊，3分的应该也不错，4分的应该能令人忘却烦恼，5分的用来打发时间甚好。想到这里，你赶紧摇摇头：10分优先！在这张优先级清单上，位列榜首的才是当前最重要、最正确的事。

优先项的决定，并非凭空产生的，之所以选择此时做这件事，是因为它对一天的多个活动能起到承上启下的作用。之所以必须优先做这件事，是因为它对之后的事有所帮助，而在它之后的那件事才是真正最重要的。比如，在你开始写小说、支持某项事业或者进行人格提升练习之前，你可能会先洗个热水澡——只要这的确是你的优先级排序，只要这真的有助于你写小说、开展事业或者提升人格，那么洗澡就可以拥有优先权。如果这样的顺序的确于你有益，那就按部就班地执行吧！

豌豆不一定比冰激凌重要，但是你的确需要先吃豌豆。小憩一会儿看似是为了解乏，但它或许可以在你与女儿唇枪舌战之前为你积蓄力量。看一小时电视看似是娱乐消遣，但它或许能令你在两项严肃的日常练习之间得到充分的放松，其作用至关重要。

你的日常练习是只有一两分钟？没问题。还是可以持续1小时、2小时或者3小时？也不错。重要的是，它必须在你的人生中占据重要的位置。只要练习的时间一到，你就全身心投入。

你把时间花在哪儿，你就是什么样的人。

——伊恩·罗杰斯

练习时间一到，练习就必须上升到首要位置。到了该练习的时候，练习就必须优先于其他一切事情，紧急突发事件除外。此时，练习高居榜首。虽然多数人把握不好轻重缓急，但希望你能证明自己是个例外。若想令你的练习坚持下去，你就必须接受这样一个观点：人生是由一系列的选择构成的，在选定目标的同时，你也赋予了它们优先权。

深思细悟

1. 你如何理解"练习优先"？

2. 对于"最正确的事优先"这样的生活哲学，你是如何理解的？

3. 在根据事情的价值和重要性进行优先级排序时，你有没有遇到过特殊的问题（相较于一般性的问题而言）？如果有，你会尝试用何种方法来帮助自己更好地区分主次、轻重？

善终

日常练习要善始善终。你已经与它共度了一小段时光，现在要带着其他的任务、职责与目标，去处理其他的日常事宜。不必为暂别而悲叹，因为你知道，最早今天晚些时候、最晚明天，你就会再度回归练习。给它一个有仪式感的结尾，就此打住，期待下次练习时间再会。

所谓终止就是这样，但实际情况比这复杂得多。例如，你已经画了一小时，现在该投入正式工作了，你虽然手上搁下了画笔，但心里放下了吗？当然没有。你的画依然鲜活地映在脑海中，你还在惦记着它。同样，假如练习的内容是提升人格、戒瘾治疗或者更好地管理焦虑情绪，那么在全天都保持着练习状态，也就完全说得通了。从某种意义上来说，你的今日练习的确结束了，但在另一种意义上，假如练习对你至关重要，它就永远不会结束。

也就是说，在日常练习与其他事务之间，应该也有一个清晰的界限。你应该郑重其事地阖案搁笔，应该郑重其事地清理好画笔、停止作画，应该郑重其事地起身结束冥想，应该郑重其事地卷起瑜伽垫。

没错，虽然你可以不用垫子继续练习瑜伽，但是正式的瑜伽练习已经结束了。

干扰正常练习的障碍之一就是过早结束。这一问题我们将在本书下部中进行探讨，而可能使你过早结束练习的原因，包括焦虑和注意力分散、感觉毫无进展、厌倦重复、练习难度过大，等等。你必须意识到，想要提前结束练习的欲望时刻在你体内蠢蠢欲动，为此你必须未雨绸缪、有备无患，即使再想离开也请继续静心练习，直到真正该结束的时候，再郑重其事地为练习画上句号。

对大多数人而言，最大的挑战在于迈出第一步；对许多人而言，最大的挑战在于过早结束；而对一些人而言，最大的挑战却是完全结束。他们不想放下潜心钻研的科学难题，回归枯燥的日常工作。他们仍狂热地痴迷于那个难题，大脑还在飞速运转，正值兴致盎然之时，如何戛然而止。对这些人来说，学会如何善终是一个重大的课题。

自塑主义将人格分为固有人格、既得人格和可得人格。狂热地痴迷于练习、以致过分投入的人，必须借助自身的可得人格来告诉自己停止练习。他们必须缓和自己过于狂热的状态，才能控制住如脱缰野马般疾驰的自我，而不是反被其控制。的确，知易行难，但是对于有这类困扰的人来说，学会善终至关重要，甚至可以以此为目标，确定练习项目。

有的人每天完成1次练习，而有的人每天完成21次！

我的日常练习由五部分组成，每天完成21次——这是西藏的一种古老学说，这样做可以通畅脉轮[1]。

——哈利·戴恩·斯坦通[2]

　　日常练习的部分力量来自那种有始有终的圆满感。你细心打扫之后，房间终于变得一尘不染，这种感觉很好；你全神贯注地花了两个小时，为你的网课第三课制作课件，这种感觉很好；你反复练习着那几个和弦，虽然没有太多热情，但依然坚持到了最后，并郑重其事地收好你的吉他，这种感觉很好。善始善终，才能终得圆满。

深思细悟

　　1. 你会以何种有仪式感的方式结束日常练习？

　　2. 请描述你是如何结束日常练习的？是否有过早结束的倾向？如果有，你会采取何种方法来确保充足的练习时长呢？

　　3. 反之，如果你迟迟无法结束日常练习，你会尝试通过什么方法来帮助自己更圆满得结束日常练习呢？

---

　　[1] 译者注：这里指的应是西藏密宗里关于气脉的理论——三脉七轮。三脉指三条气脉，即中脉、左脉及右脉。所谓七轮，就是顶轮、眉间轮、喉轮、心轮、脐轮、海底轮、梵穴轮。三脉七轮共同构成人体的能量系统，通过打坐冥想的方式，可以使脉轮通畅，身体健康，启智润心。

　　[2] 译者注：哈利·戴恩·斯坦通（1926年7月14日—2017年9月15日），男，1926年7月14日出生于肯塔基州西厄，美国演员。

17 个日常练习，拯救坚持不下来的你

///////////////////

在这一部分中，将介绍17种不同的日常练习。当然，日常练习的种类远不止于此，但是这17种是其中较有代表性的。我认为，它们将让你了解到，通过日常练习，可以让你觉得坚持不下去的事情变得可以简单，他可以助你实现各种各样的目标，比如创作交响乐曲、提倡某一主张、戒瘾康复、创业、改善婚姻关系，等等。

这17种日常练习还能启发你产生同时进行多项日常练习的想法。早晨，你可以先练习作曲，再转而创建在线业务，中午午休，下午先进行戒酒康复（比如参加戒酒者互助会），晚些时候再游说立法者支持你的一项主张。

这丰富而充实的一天，完全是围绕着你的人生目标来安排的，共进行了四项完全不同的练习：一项创作练习、一项创业练习、一项纠正练习和一项政治活动练习。这种生活方式堪称完美！希望各位乐于了解这17种日常练习，并对它们一一进行认真思考。

创作练习

　　过去30多年里，我接触过许多创作家与表演家，所以我的客户所需要的最常见的日常练习都与创作有关。具体来说，包括写作练习、绘画练习、作曲练习、乐器演奏练习及其他富有表现力的练习。对每一位客户，我都鼓励他们养成创作练习的习惯，因为创作本就不易，若不勤加练习，创作之路只怕更加步履维艰。坚持高效的创作练习，无疑是他们实现梦想、达成所愿的最佳途径。

　　我的客户乔安妮一直想写一本奇幻小说，这件事她酝酿了10年。可至今，她依然只有一个模糊的想法和几个要点，因为她很少花时间真正投入创作，她总是辩称"我没有灵感"。这话也许不假，因为她一直坚信，缺少灵感的创作必定毫无生趣。但更重要的是，她一直以需要灵感为由，逃避创作长篇小说的艰辛。

　　灵感可遇而不可求，努力才是第一位的。

　　每一位成功的作家背后，都堆着100万字的废稿，500万字的也不罕见。最重要的那条写作建议，无人不知，无人不晓，它朴素无华，却字字无虚：别停笔，一直写。

——查尔斯·芬奇

于是，我跟乔安妮分享了我最喜欢的一句格言，出自俄国作曲家柴可夫斯基："我大概每5天就会有一个灵感，但这第5天的灵感，是用前面4天的不懈努力换来的。"闻言，她笑着点点头，似乎只是出于礼貌地回了一句："我相信这是真的。"不过，她还是同意了我提出的每天起床后先进行20分钟的写作练习的建议。但在最初的几周内，她总共只做到了3次。

在艰难坚持着写作练习的过程中，乔安妮逐渐发现，对她来说，最难满足的日常练习要素是自律。她告诉我："我并非做不到自律，而是反感被要求自律。我就像个叛逆的小孩，越是让我坐好，我就越不想坐好。"

于是，我向她提出一个小建议：找一张纸，正面写一个大大的"恨"字，反面写一个一样大的"爱"字。我说道："现在，在你的内心深处，你痛恨被迫自律，让我们来看看能不能扭转这一局面，下面请照做。当你想到写作练习时，你就盯着'恨'的那一面，要真正带着恨意，然后把纸翻过来，真正带着爱意去看，这个过程就是把恨转化成爱的过程。"

一周后，在一次视频研习会上，乔安妮找到我。她对我说："我这周练习了4天。你的方法令我突然想起，我的这种叛逆一定与小时候的练琴经历有关。我母亲一直希望我能在钢琴领域有所建树，我猜她可能希望我成为职业钢琴演奏家。但我就是不喜欢，不是不喜欢钢琴，不是不喜欢音乐，甚至不是不喜欢练琴，我只是讨厌那种莫名的压力，讨厌我母亲对我的严格要求，讨厌她虚伪的表扬，她所做的一切都令我讨厌。所以，我不自觉地把被迫自律与我母亲联系到了一起。"

我问她，既然想通了，那打算怎么做呢？"也许，我可以借剪断什么东西（1根绳子之类的）来象征性地剪断我母亲与被迫自律之间的联系。我真的想要热爱自律，或许真的可以剪根绳子试试？"

乔安妮深知，自己将会如芒在背，因为这么做感觉是对母亲的背叛，但她还是毅然决然地完成了剪断仪式。后来，她告诉我："神奇的是，我做到了。在真正剪断了1根绳子之后，有些东西真的变了。所有围绕着'自律'和'被迫自律'的那些负面暗示，突然全都消失了，好像自律从来就不是一个问题。"

后来，与许多其他客户一样，乔安妮稳步推进着自己的小说写作。虽然她依旧会有不如意的时候、文思枯竭的时候、自我质疑的时候，也会因为太过忙乱或者生活压力太大而错过练习，但在多数情况下，还是可以保持每周四五天的练习频率的，她的小说也逐渐成型。6个月不到，她完成了全部书稿，实现了曾以为永远也无法实现的宏伟目标。

对创作者而言，最重要的莫过于制定并坚持一项创作练习，是否坚持练习很可能关乎着一个人创作生涯的存亡。当练习与生活浑然一体时，你将成为那极少数的幸运儿，毫不费力就能佳作不断。

到那时，有人会问你："你是怎么做到的？你是怎么做到如此高产的？"你不知道该怎么回答，因为真实的答案听上去太简单了。但其实，大道至简。"我不过是坚持练习罢了，仅此而已。"众人听完必是连连摇头，心想："不对，他一定还有什么秘诀！"接下来，你要做的就是耸耸肩，或者再重复一遍："真的，就是这么简单。日日坚持，跬步千里，厚积薄发。"

或许你的技艺已十分娴熟，或许你已经苦苦练习了数千个小时，那么你就是一位艺术家了吗？要成为艺术家，你可能还需要进行专门的创作练习，你的关注点不在于音符而在于音乐本身。

练习可以将技术变为艺术。

——希达·乔西

深思细悟

1．你认为创作练习对你有益吗？如果有，它大致的内容是怎样的？

2．在创作练习的过程中，你认为最大的挑战是什么？

3．你会采取何种策略来应对那项挑战？

纠正练习

创作练习的内容是不难描述的，就像是舞者跳舞、画家作画，一目了然。但是，纠正练习的内容又是什么呢？纠正练习的重点似乎不是要做什么，而是不要做什么，比如不要喝酒、不要放纵、不要赌博。那么，我们究竟应该如何定义纠正练习呢？

首先，纠正练习要解决的是何种生活问题？它要解决的是因过度迷恋某些事物、行为或者思想而导致生活脱离正轨的问题。在纠正练习中，常见的一系列词语有渴望、迷恋、强迫、依赖、上瘾等。你的大脑、身体，甚至日常生活都无法摆脱这个诱惑之物，你的整个人生都用来追求酒精的刺激、赌博的快感等。

那么，纠正的定义是什么呢？"纠正"一词包含了以下几层关键意思：第一，你已经正视自己存在问题的事实，不再回避；第二，你承认每天需要刻意制止自己做出某些行为；第三，你意识到辅助措施的重要性；第四，你承认这个问题需要纠正，且是可以被纠正的；第五，在纠正的过程中，或许也会出现反复，所以你可能需要不停地从头再来。

综上所述，纠正练习可能包含以下内容：可以是每天去参加匿名戒酒会、匿名戒毒会或者"十二步纠正计划"①下的其他戒瘾互助会；可以是每天晨起诵读宁静祷文②或者其他祷告词；可以是每天以书面形式拟定当天的练习步骤；可以是每天偿还一些债务；可以是每天耐心地重构认知，从思想上辅助纠正练习的进行；可以是每天坚持健身或者为了实现人生目标而努力。除这些内容外，纠正练习的内容还可以更多。

让我们来看看罗伯特的例子。罗伯特一直纳闷，自己究竟是如何踏入法律界的。他还清楚地记得那个时刻，那是刚刚大学毕业后的一天，他在一条河边来回徘徊了数小时，犹豫着究竟应该申请法学院还是新闻学院。他真的想做一名调查记者，为民解忧，但当律师似乎更安稳妥当，更有可能过上安逸的生活。于是，他选择了法学院。

然后，罗伯特就后悔了。他在法学院表现优异——也酗酒，第一份工作做得风生水起——也酗酒，结婚生子买豪宅——还是酗酒。后来的一件事，彻底改变了他的人生。"你浑身都泛着酒气，爸爸。"儿子一语点醒了他。他庆幸自己还能选择"软着陆"，而不是无法挽回地"硬着陆"——彻底毁掉自己的肝脏或者迷迷糊糊地醉驾撞人。

纠正需要时时刻刻地投入，纠正练习有助于你做到这一点，纠正练习的好处是惠及整个人生的。

---

① 译者注：十二步纠正计划在全世界，尤其西方国家，是非常流行且有效的心灵治疗支援团体疗法。十二步纠正计划，旨在帮助人们戒瘾，包括酒瘾、烟瘾、赌瘾、药物瘾、强迫性欠债瘾、爱情瘾、性瘾、暴食瘾、厌食瘾、堆积物瘾、互相依赖瘾、过度工作瘾等。

② 译者注：宁静祷文，最早由神学家尼布尔创造的无名祈祷文，后被称为宁静祷文，现已被匿名戒酒会与其他的"十二步"项目正式采用。

倘若日复一日、年复一年地坚持练习，你对人生的体悟就会越来越深刻，而这份体悟将会渗入日常生活中的方方面面。

——禅师铃木俊隆[①]

于是，我与罗伯特商议着能否在参加戒酒互助会之余，再进行一项纠正练习。具体来说，就是每天同一时间，罗伯特都要花30分钟整理思绪，看看哪些想法有利于纠正，哪些反之。罗伯特认为这么做很合理，也没什么难度，至少理论上如此。结果，他却发现自己根本做不到。为了找出症结所在，我们一起回顾了日常练习的全部要素。

"我认为是重复，"罗伯特说，"我很排斥每天做同一件事，这甚至不是我有意为之，更像是一种本能。我的身体抗拒重复。"

"你还每天刷牙呢。"我说道。

罗伯特哈哈一笑："没错，而且我敢说我们还能列举50件我每天都会做的事，但是真正重要的又有几件呢？"他想了想，似是猛地醍醐灌顶。"那为什么重要的事，我就不愿重复做呢？"他想了想又继续说道，"可能与害怕失败有关吧，但我实在想不出它们之间有什么联系。"

"你是定期参加戒酒互助会吗？"我问道。

"定期是定期，"他说道，"但绝对不是每天，而且频率不高。90天要参加90次互助会，与每天都要坚持纠正练习一样，光是想想就烦的

---

① 译者注：铃木俊隆（1904—1971），法名祥岳俊隆，是禅宗五家之一的曹洞宗在日本的传人。

不行。就像每天都在过'土拨鼠日'①，每天重复的生活，不仅是枯燥的，更是残忍的、痛苦的。不断重复的生活就好像钝刀杀人。"

我突然想道："你的工作重复吗？"

"我的工作一直都在重复！写同样的简报，提同样的议案，说同样的话。光是想到这些，我就想喝酒啦！"

我们有了一些发现。罗伯特继续说道："我想，可能是重复的工作使我筋疲力尽，所以一想到其他要重复进行的事情，比如纠正练习，我就觉得烦。问题一定出在这里。"虽然用了几周的时间，但罗伯特最终还是找到了适合自己的方法。他不再将纠正练习视为每天都要"重复"的一件事，而是告诉自己"每天都有不同"，并将这句话作为纠正练习的开幕词。实际上，他真的感觉每天都不一样了，因为今天他要与发起人聊天，明天要阅读《匿名酗酒者》这本"大书"②，后天又会进行纠正练习计划的其中一个步骤。罗伯特的经历表明，找到正确的方法和使用正确的提示语对于坚持纠正练习多么重要。

▶ 深思细悟

1. 纠正练习对你有益吗？如果有，它大致的内容是怎样的？

2. 在纠正练习的过程中，你认为最大的挑战是什么？

3. 你会采取何种策略来应对那项挑战？

---

① 译者注：此说法源于电影《土拨鼠之日》，该电影讲述气象播报员菲尔执行任务偶遇暴风雪后，停留在前一天始终无法再前进一步，开始了他重复的人生的故事。

② 译者注：《匿名酗酒者》通称为"大书"，由同名团体"匿名酗酒者"协会集体创作，于1939年首次出版。

人生目标练习

　　自塑主义信奉的指导原则之一是人生的目标不具有唯一性，自塑主义的一切活动都在积极践行着这一信条，即同时制定多重人生目标，坚定明确地做出目标选择，每天或者争取每天都努力实现这些目标。

　　对多数人而言，接受这种人生观需要他们在思想上做出极大的转变，但是这种转变是自然且合乎逻辑的。生活中重要的事有很多，而且随着时间的推移，你所重视的事物也会改变，并非一成不变，想想看，这些是不是本来就与你现有的人生观相契合？

　　你意识到自己对于整个世界并没有什么特殊的意义，的确令人沮丧失望，但反过来想，你可以自行决定哪些事是重要的，哪些事是有价值的，哪些事是有意义值得追求的，也不失为一种解脱和激励。你失去的只是"天降大任于你"的幻想，而你得到的却是可以掌控人生的自由，孰轻孰重？

　　那么，人生目标练习就是你实现既定人生目标的途径。在选定并列出若干人生目标之后，你就可以每天早晨查阅一下这份清单，然后择其一二作为当天的练习内容。假如你已经有在坚持的日常练习，比如可以提高认知的正念练习，那么每天你在选择练习内容时，就应该围绕其他的人生目标来进行，比如提出主张、建立业务、培养关系或者提供服务。

每天早晨对目标的选定，既决定了你当天的目标练习内容，又有助于你围绕人生目标来安排一天的活动，而不会虚耗于繁杂琐事。选定目标可能只会占用你一两分钟的时间：看看清单，挑选几个目标，点头确认，便可开启一天的生活了。但就是这短短的一两分钟，其重要性绝不亚于一次一两个小时的练习。实际上，你花在确定人生目标并引导自己去践行目标的这一分钟，很可能是你一天中最重要的一分钟。

当然，这一切具体操作起来，可能就没那么容易了。以珍妮弗为例，她同时负责着三个不同的合唱队，工作认真负责，两个孩子也养育大了，很好地走出了离婚的阴影。她有几个朋友，兴趣广泛，热爱自然，可为什么这些加起来都没能带给她一个感觉美好的人生呢？

站在55岁的门槛上，珍妮弗深知自己即将陷入危机，甚至已然深陷其中。她找到我之后，我给她提出了以下建议：比如抛弃单一目标的想法，坚定明确地选择多个目标；比如有些目标是有意义的，但我们在努力的过程中可能感觉不到这种意义（"有时合唱队的练习就是这样！"她惊呼道）。我还向她介绍了自塑主义的一些其他观点，她都接受了。

一旦确定了人生目标，并决定为之努力，你就必须采取相应的行动。其中，非常重要的就是借助日常练习来实现你的人生目标。

徒理不足以自行。讷于言而敏于行，方可至彼岸。

——沙吉难陀尊者[1]

"我喜欢这个观点，人生的确可以有多个目标，"她若有所思地回答道，"这完全与我的人生观相契合。但是我敢肯定，假如让我一一列出自己的人生目标，我绝对会大脑一片空白。哦，我倒是可以列出许多兴趣爱好或者对我来说重要的事，但我知道，这些并不是我要列的那些目标。"

"列人生目标难在何处呢？"我问道。

"我没有……想象力。"

我哑然失笑："想象力？"

"我知道，谈目标时用这个词确实很滑稽，但是我觉得自己真的需要靠想象来营造另一种生活——不同的生活方式，不同的生活态度。我不确定我的目标是什么，这与想象自己去旅行或者易地而居是完全不一样的。我感觉无论我要选择的人生目标是什么，它们都必须来自我完全重新设想的一种生活。"

"这个要求有点高。"

"我知道，但似乎只能这样。"

"好吧，既然我提到了日常练习，"我说道，"日常练习的一个要素是创新。你是否能以此为突破口呢？你可以开展一项日常练习，内容就是重新设想你的人生？"

---

① 译者注：沙吉难陀（1914—2002），印度人，是全球"整体瑜伽"协会创始人，一代瑜伽大师、精神领袖和和平使者，曾获得人道主义慈善家奖、反破坏联盟慈善家奖、朱丽叶郝立兹信仰交流奖。

"这主意不错！"

"那你打算每天花多少时间来做这件事呢？"

"半个小时。"她脱口而出。

她的确照做了。开始的几周，毫无成效，只有满满的挫败感。她总是把控不好，而且她能想出的答案，不仅没有任何新意，反而是旧调重弹，依然是那些令她心累的事物。不过，虽然时常中断练习，但总归一直坚持着。最后，对于未来，她终于开始有了模糊的方向。

她告诉我："自孩提时代起，我就不自觉地把合唱音乐与令人振奋的事物联系到一起。多年来，我一直指挥着合唱队合唱，却从未真正想过这么做的潜在动机是什么。如今，当我再听到'振奋'这个词时，我想到的不再是合唱音乐，出现在我眼前的是一个模糊的影子，但我还无法看清它，那应该就是未来的我。未来的我，可能继续指挥着合唱队，也可能不会，但她一定正在为真正的目标而努力着。我真的期待早日遇见这个未来的我！"

◈ 深思细悟 --

1. 人生目标练习对你有益吗？如果有，它大致的内容是怎样的？

2. 在人生目标练习的过程中，你认为最大的挑战是什么？

3. 你会采取何种策略来应对那项挑战？

反消极练习

每个人看世界都会带有自己的滤镜，这其实是我们的一种认知思维模式。有着不良认知思维模式的人，就始终会把一件事情解读出让自己不愉快的东西。这种思维就是消极思维。那么如何消除这种消极思维呢，我认为最重要的是把每一件事都赋予"意义"。

意义不是从外界找寻出来的，而是基于内在主观建构出来的。一个人在海边呆坐了半个小时，他可能会觉得很有意义；而另一个人同样在海边坐了半个小时，结果被晒伤了，他只觉得既无聊又烦躁，后悔没去看球。从本质上来说，坐在海边这种事没有绝对的有意义或者没意义一说。实际上，任何事都是如此。

然而，有些事常被认为是有意义的。比如，拥抱子女，帮助他人，创作一件精美的作品，行善，获得成功，通过努力为自己感到自豪，去一个充满活力的地方旅行，保持自我，坚持原则，等等。没有什么事是本来就有意义的，但许多类似上述的事情常被认为是有意义的，并且当人们无法做到这些事时，常常会产生失落感和消极情绪。

也就是说，你不应去寻找意义，因为意义是无法从外界找到的。相反，你应该去创造意义（投身于你认为有意义的事物），把握时机（假如你觉得某件事有意义，那么你就要抓住一切机会去做这件事），耐心地构建意义。构建意义的第一要义就是去实现你的人生目标，因为人们普遍认为，随着人生目标的实现，意义感也会随之而来。

日常练习正是构建意义的主要途径。日常练习中的首要挑战是：有些事最终可能会让你觉得是有意义的（比如提出某种观点），但在日常练习的过程中，你可能感受不到这种意义感。这是自塑主义中的一个重要内容，也是人生的一个重要课题。换言之，你正在做的事可能是完全正确的，最终你也能收获一直渴望的意义感，但你在做的过程中，你却完全感觉不到这么做的意义。这个现实是很难接受的。

玛莎是一位全职妈妈，有着良好的教育背景，家中有两个小宝宝，丈夫从事的是压力极大的高科技工作。客观地说，她几乎拥有了完美的生活，保姆每周会来3次，帮她料理家务，父母也会时常帮她照顾孩子，她还有时间上瑜伽课，甚至偶尔还会与朋友聚餐。但这样的生活，令她觉得毫无意义，她一直都沉浸在一种消极情绪中。

她知道自己不该不知足，于是一直保持缄默。但在内心深处，她对这样的生活并不满意。她十分确定自己需要的绝不是瑜伽练习或者冥想练习，可究竟需要什么，她也说不上来。当然，瑜伽和冥想对她还是很重要的，她也一直坚持定期练习，只是这些无法满足她的根本需求。

在我们谈话之前，她从未想过意义感可能只是某种心理体验，是可以被构建出来的，可以伴随着人生目标的实现而得到。思考了这个问题之后，她确定自己需要的的确是一个反消极练习，但她对这项练习的含义并不是很清楚，也不知道究竟该如何进行。

于是，我们继续深入这个话题，可以看出"反消极"这个词引发了她的一些模糊的共鸣。但是，应该如何反消极，又把意义赋予何处呢？又该抓住哪些构建意义的时机呢？她不自觉地摇摇头："我想我明白了，可是肯定没完全明白。"于是，我们一起回顾了日常练习的全部要素，她想到自己或许可以从"从简"入手。

构建意义感的方式有很多，其中之一便是每天都花些时间，做一些可能会让你觉得有意义的事。

我的儿子和女儿在很小的时候就失去了他们的父亲，所以我们日日都会怀念他，就好像他从未离去。

——帕蒂·史密斯

"我可以先从简单的开始，试着列出一些以前我感到有意义的事。"她说道，"可能我每天都要花一些时间，尽可能详尽地描述这些事。不会出现'瑰丽的夏威夷落日'这样的字眼，除非真的有那么一次落日令我动容，但绝不应是太过普通的事。"说完，她皱了皱眉："可以感觉到，这一定很难，因为我要坚持不断地找出可能会有意义的事。但我想弄清楚，能真正令我感到有意义的究竟是什么。"

在进行了几周反消极练习之后，她的确有了不少重大发现。

"我发现，其实很多事已经是有意义的了，只是程度还不够。这么说很奇怪吧？按理说，一件事应该是要么有意义、要么没意义，但这貌似是不对的。我的瑜伽练习的确是有意义的，只是还不够有意义，冥想练习也是这样，甚至陪伴孩子们也是这样。这个发现有点怪，但也令我备受鼓舞。因为这意味着其实我的生活已经很有意义了，这一点非常重要。现在，我的问题好像变成了要构建更多的意义。也许我的反消极练习的重心，根本不是为一件事可以构建意义，而是尊重和享受生活中已有的意义。"

至此，真相几乎已触手可及。后来，玛莎又意识到，必须更多地施展自己的才智，于是她将反消极练习改为了创作练习。在创作练习的过程中，她感受到满满的正能量，再加上生活中其他那些有意义的事，她终于可以问心无愧地说："我的人生充满了意义。"

▶ 深思细悟 ---

1．你认为反消极练习对你有益吗？如果有，它大致的内容是怎样的？

2．在反消极练习的过程中，你认为最大的挑战是什么？

3．你会采取何种策略来应对那项挑战？

正念练习

许多人认为，正念练习就是打坐冥想。其实不然，任何想要专心地关注或者觉察当下的练习都是正念练习。比如，有人想要打坐冥想；有人想要舍弃旧念，创造新的理念；还有人想要重新审视自己的思想，他会仔细倾听，驳斥那些负面的观点，再用更有益的想法取而代之。莱斯利就属于第三种。

莱斯利从事过许多与美容相关的工作，目前，她正在经营自己的网店。网店销售的一系列乳液产品，都是她用精油、鲜花、草药及其他天然成分制作而成的。她也喜欢拍照，从原材料到制作过程再到最终的成品，只要与她的品牌相关，她都喜欢拍。她精心拍摄的照片和买家的返图，使她在社交网站上圈粉无数，这也成了她主要的品牌营销手段。

她每天都努力工作，因为这就是她的热爱所在。工作是她首要的日常练习，她坚持起来毫不费力。但是，她还同时进行着第二项日常练习：驱除那些她认为会阻碍事业更进一步的想法。这些负面的想法主要是，她觉得自己没有资格去接触那些市场参与者、网红和行业标杆人物，她觉得这些人都是高高在上的，自己去联系他们，只会让他们感到心烦。

莱斯利每天都坚持40分钟的正念练习。具体的做法是，首先倾听那些负面的声音，然后尽可能有力地予以驳斥，最后有意识地设想出一些积极的观点取而代之。这听起来并不难，可做起来总是不如意。她无法准确地指出问题究竟出在哪儿，但她知道那些负面的想法并没有被完全赶走。

"你的确与那些负面想法展开了'辩论'？"

她笑了笑，说："我想是的。"

"你可以举个例子，让我听听你是如何反驳的吗？"

莱斯利不好意思地笑了笑："好吧！"她提到了一位知名日间脱口秀的主持人。"那个负面的声音说：'安德里亚不会对我感兴趣的。'"然后，她忸怩地反驳了一句"不是这样的"，这大概是我听过最"温和"的拒绝了。

我俩都忍不住笑了起来。

随后，我说道："我认为，你的确是在按部就班地执行你的计划，只不过你的辩驳不够激烈，你觉得为什么会这样呢？"

她若有所思地点点头："我觉得自己'激烈'不起来，一提到'激烈'这个词，父亲愤怒的样子就会出现在我眼前，那额头上暴起的青筋，那粗暴的斥责……一想到这些，我就只想抱着头逃之夭夭。"

"但你想要激烈地驳斥吗？"

"我不知道自己是不是真的想这样，我不确定自己受不受得了。"

"好吧！"我们沉默了片刻，"那么，你觉得你能尝试做些什么呢？"

"我想着，真的需要与那些想法去争辩吗？我能不能换个方式去对待它们？"

我笑着说道："当然可以啦，你想怎样都行，告诉我，你想到了什么？"

"具体的还没想好，"她腼腆一笑，"不过的确是有这么一个想法。"

她把初步的打算告诉了我：她不想再去驳斥那些负面的想法，而是给它们"美容"，使它们摇身一变，成为美好的事物。

"这想法是不是很蠢？"她问道。

"不，很妙！但具体怎么做呢？"

"还没想好！"她哈哈一笑，"但我一定得试试！"

莱斯利果然说到做到。一个月后，我得到了她的反馈。"太有趣了，"她说，"我完全放弃了争辩的想法，不再纠结于思想斗争。相反，我开始在脑海中想象那些我出于各种原因不敢去联系的人。我想象着他们对我微笑，身边都是我的产品。这就是我全部的练习内容，去想象某个人的笑脸，然后带着脑海中的这个画面，去给他发邮件或者用其他方式联系他。最近一周，我都在联系那些以前不敢去联系的人，有几个人已经回复我了！"

请加强心理锻炼，研究已证实，心理锻炼有助于提升一切个人表现，从网球反拍训练到高空表演都适用。

相较于单一的身体锻炼，心理锻炼与身体锻炼并行，能更大程度地提升人体性能，我们在生理学上的相关发现已经证实了这一点。

——阿尔瓦罗·帕斯夸尔-利昂[1]

_____

① 译者注：阿尔瓦罗·帕斯夸尔-利昂，哈佛大学医学院教授，神经领域的知名科学家。

正念练习的内容并无定式。你可以正襟危坐、盘腿坐禅，也可以漫步自然、步行禅修；你可以每日专注于修饰心房（比如想象换一扇心窗，让清风入境），也可以每日记录答疑解惑的心得；你还可以花最短的时间念诵自创的口诀，于吸呼之间想你所想。

正念练习的时间可长可短。你可以放空思绪，也可以研精致思；你可以行走坐卧，也可以静思修定。它不必是你的首要练习，你可以以小说创作或者开展在线业务为主，正念练习为辅。请花点时间，认真考虑一下正念练习吧！

深思细悟

1. 你认为正念练习对你有益吗？如果有，它大致的内容是怎样的？

2. 在正念练习的过程中，你认为最大的挑战是什么？

3. 你会采取何种策略来应对那项挑战？

养生练习

日常养生练习，听上去好像是每天坚持锻炼。养生练习可以是每天进行康复训练、每天进行放松练习、每天仪式感满满地喝一杯花草茶，也可以是每天琢磨要选择哪种治疗方案。这些养生练习内容明确、易于理解，至少看上去如此。

然而，确定养生练习的具体内容并不如想象得那么容易，因为健康涉及心理和身体两个层面，而整个身心系统是极其复杂的。即使坚持每天一杯花草茶，也可能产生意外的结果，比如长期过量服用生姜或者姜黄，反而对身体有害。我们的身体真正需要什么、可以接受什么，要查明这些并非易事，要厘清心理与身体的确切关系，谈何容易。

艾瑞卡的情况就是这样。她患有慢性胃病，医生对她做出了各种各样的诊断，甚至还包括心理方面的；她也收到了各种各样的治疗方案，有许多根本就是相互矛盾的，这使她强烈地感觉到，其实没有人知道她的病因究竟是什么。她觉得西医背叛了自己，所以她不再相信任何诊断书和治疗方案，彻底陷入了迷茫。

你的健康高于一切，请倾尽全力为它保驾护航，先从日常养生练习开始吧！

医生给不了你健康，营养师给不了你苗条的身材……大师给不了你平静的内心……导师也给不了你健壮的体格。说到底，还是得靠自己，你得自救！

——纳瓦尔·拉维坎特[1]

"就你目前的情况和已经掌握的信息来看，你认为什么样的养生练习比较适合你呢？"我问道。

艾瑞卡想了想。"我需要得到正确的诊断，"她说道，"但那不受我控制。我能做的或许是研究如何才能拿到正确的诊断，但这条路我已经走过无数遍。所以我认为，这不应再成为养生练习的内容，当然，研究还是要继续，但养生练习需要一些其他内容，应该更多地着眼于……精神方面。"

"精神方面？"

"当我知道身体出了状况之后，我就想更好地控制自己的思想。我不想说'思考方式引发了我的胃疼'这样的话，因为那样听上去就完全是心理问题了，对此我是无法认同的。我的身体的确出了问题，但是焦虑、自我贬低和沮丧是无法解决问题的，这些怎么可能有助于我的身体康复呢？所以就目前而言，我的养生练习的重点应该放在思想上。"

于是，我俩一起制定了一个简单的练习方案，由三部分组成：一个自我平静的小仪式，一个让思维停顿的小技巧，以及几句简短的自

---

① 译者注：纳瓦尔·拉维坎特，著名股权众筹平台 AngelList 的联合创始人兼 CEO，被人们称为全球股权众筹的鼻祖。

我肯定的话语。两周后，她向我汇报了进展情况。

她告诉我："虽然我还是会胃疼，还是需要借助一些真正的医疗帮助，无论是来自西医、中医还是什么医的，但是我真的感觉好多了。我真的觉得更轻松了，没有那么焦虑了，也乐观了许多。这方法还是有效果的！"

在我的客户中，有太多的创作家和表演家都患有慢性病，甚至可以说，几乎无一幸免，我时常为此感叹不已。我不知道为何会这样，也许真正的事实是，几乎每个人都在遭受着这样或者那样的慢性病的困扰，尤其是在我们这个时代，各种前驱症（如前驱糖尿病）层出不穷，各种精神科药物治疗屡见不鲜。

考虑到健康问题的普遍性，我认为，日常养生练习几乎可惠及所有人。具体来说就是，每天指定一段时间，用来锻炼、放松或者做营养餐，佐以一个整体的保健计划。例如，在饮食中增加绿叶菜的比重，保证充足的睡眠，不去自寻烦恼，等等。养生练习的内容可易可难，可以简单如散步一小时，也可以每天花好几个小时学习阿育吠陀医学①或者中医里的保健原理；可以简单如每天定时给身体补水（虽然新习惯的养成并不简单），也可以每天花好几个小时进行伤病康复。

总之，几乎可以肯定的是，日常养生练习一定会对你有所裨益。你的健康值得你为其坚持养生练习并制订一个总体计划，不是吗？当

---

① 译者注：阿育吠陀，"Ayurveda"为梵文，由两个字合成，Ayur 意为"生命"，Veda 意为"知识"，因此阿育吠陀一词的意思为生命的科学。阿育吠陀是印度的古老医学体系，最早可追溯到公元前 5000 年的吠陀时代。几千年来，它在无数印度传统家庭中被使用着，其影响波及南北半球几乎所有的医学系统，因此印度阿育吠陀被誉为"医疗之母"。

然，如果不限于每天的某一时段，而是时时刻刻都保持健康的生活方式，那自然更好。其实，把保持健康列入你的人生目标清单也不错。举个例子，假如你的目标是戒烟，那就不是只戒5分钟或者10分钟的事，而是需要时刻坚持。你的健康也需要你的日夜守护，而日常养生练习一定能圆你的健康之梦，时刻为你的健康保驾护航。

▶ 深思细悟

1. 你认为养生练习对你有益吗？如果有，它大致的内容是怎样的？

2. 在养生练习的过程中，你认为最大的挑战是什么？

3. 你会采取何种策略来应对那项挑战？

心理健康练习

精神障碍是目前很常见的一种心理症状，而心理健康练习最重要的任务就是解决由精神障碍所引发的许多问题。如果你真的有"精神障碍"，那么你一定会采取某种措施来积极应对。如果你没有"精神障碍"，只是遇到了一些其他的问题，比如不适应某种生活，无法改变某个性格特征，环境发生变化，自尊心受到打击，长期感到孤独，等等，那么你也会通过其他方式来摆脱困境。然而，如果你不自觉地陷入了半信半疑的陷阱，怀疑自己可能有所谓的"精神障碍"时，你就会发现，自己完全束手无策。

我们在此要解决的不是倡导批判心理学和批判精神病学运动的人们所致力解决的那些极端难题。关于许多这类难题，我在《重新审视抑郁症》《心理保健的未来》《人道帮助》等书中进行过长篇论述，在此不再赘述，只提两个要点。若你对这些问题感兴趣，可自行顺着这两个要点进行深入研究。

第一点：你说（或者专业点，"自我报告"称）"我很伤心"，我就得出结论"你患有精神病性症状的临床抑郁症"，这种思维跳跃是完全不合理的。然而，这种情况正在无数次地上演，这种诊断是没有任何科学或者医学依据的。你走进诊室，拿着一份自我报告，上面称你感觉有某种不适，我没有让你做任何医学检测，也拿不出可靠的医学证据，就直接宣布你患有精神疾病。这种做法是不对的，应该禁止的。但很遗憾，它仍将大行其道，因为很多人都相信关于"抑郁症"的这种伪医学的所谓事实，因为主导精神障碍说法的背后，有着制药公司、心理保健专家和大众媒体等主体的强有力的支持。

第二点：如果这些不算疾病，那么精神科医生开的化学品为何要被称为"药品"呢？如果没病，化学品怎么会成为药品呢？"因为讨厌自己的工作就把酒精当良药"，这只是一种比喻。当孩子吵得你心烦时，应该用"药品"使他安静下来吗？当一位艺术家因为自己的敏感、聪明和善良而对世界的现状伤感不已时，应该用"药品"来帮他平复情绪吗？在缺少医学依据的情况下，应该给某人开具效果强烈、有增加自杀几率的强烈副作用的化学品吗？

如上文所说，假如你对这些内容感兴趣，可自行深入研究。在本书中，我们一起来看看，在一个想要改善心理健康的人身上，精神障碍所引发的一系列问题是如何表现出来的。以约翰为例，约翰是愿意甚至渴望借心理健康练习来改善自己的抑郁症的，但他想象不出自己具体应该做些什么。他觉得自己一直过得挺压抑，以后也可能会一直压抑下去，那么每天练习的那半个或者一个小时内，他究竟该做些什么呢？

假设你在练习保持某种心态，比如学会知足。像学会拉大提琴这种的才是真正有难度的练习，学会知足应该比较容易吧？当然不是，它为何就应该比拉大提琴容易？好像知足很容易做到一样！

学会知足或许并不比拉好大提琴容易，它也需要大量练习。

——阿兰·德波顿

"我从小就这样，"约翰说道，"仿佛一出生，我就戴着一副有色眼镜，还没法儿摘掉，所以我看什么都是灰暗的。那种感觉不是悲伤，更像是穿着一件特别沉重的大衣。那副眼镜和那件大衣，定义了我的人生。在患有精神障碍的情况下，我每天应该怎么做才能对病情有所帮助呢？一直坐在那儿傻笑吗？"

"那我问你，"我小心地问道，"你觉得你对过往的生活是满意还是不满意？"

他摇摇头："不知道，我从没想过。"

"好，那你认为自己敏感吗？"

"非常敏感。"

"有创造力吗？"

"如果我能坐得住，一直写剧本的话，应该会有挺多创意的！"

"但从本质上来说？"

"有创造力。"

"你认为自己聪明吗？"

他笑了笑："我可以这么说自己吗？"

"当然。"

"那么是的。"

"这三样加在一起，还不足以解释你为何会感到绝望吗？"

他直起身，可以看出，他把我的话听进去了。

"什么意思？"

"意思是，也许你根本没有所谓的'临床抑郁症'，也许你绝望的原因恰恰是你聪明、敏感、有创造力，你有足够多的理由去绝望。"

过了好久，他才声音微弱地几不可闻地说："我不知道，我真的不知道。"

"是这样的，不过你可以把这个作为心理健康练习的重点。每天花十几分钟，在静坐的同时，好好想想你总是情绪低落的其他原因。你不用'做'什么，尽管去想象事情的真相。"

"我不知道，"他重复说着，"我就是不知道。"

我点点头："没错，你的确还不明白。"

心理健康练习给你带来的益处可能是无价的，它的内容和形式可能有待你去进一步探索，而且在很大程度上，这些都取决于你对待当前精神障碍的立场。如果你相信自己患有抑郁症、躁郁症、强迫症、多动症、边缘型人格障碍等精神障碍，那么你就会采用某种模式来进行练习；而如果你认为自己只是有一些情绪问题，比如你感到悲伤、孤独、无聊、不安、愤怒等，那么你的练习就完全是另一番风貌了。前者的练习可能需要每日谨遵医嘱，而后者的练习则是通过内在与外在的改变来保证心理健康。

◆ 深思细悟 --

1．你认为心理健康练习对你有益吗？如果有，它大致的内容是怎样的？

2．在心理健康练习的过程中，你认为最大的挑战是什么？

3．你会采取何种策略来应对那项挑战？

关系创建练习

　　每天单独花时间改善人际关系，亲近的也好，疏远的也罢，听起来都挺滑稽的。在每天固定的那半个或者一个小时内，去真正地与我们的伴侣、孩子或者朋友相处，似乎有点太正式，甚至尴尬。那不是变相说明，在其他时间我们与所爱之人不够亲近吗？

　　很遗憾，但那很可能就是事实。更多时候，较之深情相伴，我们与所爱之人的关系总是泛然若无。即使你不是这样，即使你与你爱的人亲密无间，每天花些时间维系那些对你十分重要的人际关系，仍然是大有益处的。

　　关系创建练习，可以是每天在你7岁的孩子放学之后，去问问他这一天过得怎么样，但是不要用父母们惯用的那种漫不经心的口吻，而是应该用一种有仪式感的、专注的、认真又放松的、坦诚的方式——一种带着练习色彩的方式。"让我们一起来花5分钟时间，你喝果汁我喝茶，你跟我分享两件你的趣事，好坏都行，我也跟你分享两件我的趣事。"这将成为一个可爱又真正有价值的关系创建练习。

　　在现实生活中，关系创建练习具体是怎么做的呢？洛蕾塔有三个女儿，小女儿杰基一直比较叛逆，如今即将20岁的她，更是变本加厉。

三个女儿在青春期时，洛蕾塔与她们的关系一直很不稳定，与杰基的相处尤为困难。她俩仿佛说不上几句话，就要爆发一场激烈的争吵。如今，两人几乎不说话了，洛蕾塔不想就这么僵着，她想要做出改变，但是应该怎么做呢？

"你有什么想法吗？"我问她。

"没有。"她沉默了一会儿，情绪缓和了一些说，"其实，我一直在坚持写作练习，每天上班之前，我都会先完成写作练习，效果很不错。那可不可以制定一个与杰基有关的练习项目？用某种方法每天给她一些特别的关心？"

关系创建练习的目标，不是建立完美的关系，而是更好的关系。

决定要练习与伴侣、亲人或者朋友和善相处之道，不代表就不能生气或者不高兴。

——莎朗·莎兹伯格[1]

"具体怎么做？"

"我练习的宗旨就是，无论杰基做什么，我都是爱她的。即使我气得快疯了，即使我怨恨她的撒泼胡闹，我还是想每天花一点时间来好好爱她。"

"她是和你住在一起吗？"

"不是。"

---

[1] 译者注：莎朗·莎兹伯格，美国知名的静心导师，与杰克·康菲尔德、约瑟夫·古德斯汀联合创办了内观禅修社。

"那你要怎么做呢？你俩都不在一起，怎么爱她呢？"

"我打算每天给她发两条短信，中午午休一条，晚上睡前一条。就只说'我爱你'，别的什么'希望你一切都好''想要聊聊吗？'，或者其他一切可能'引战'的话，一概不说。就是一句简单的'我爱你'，每天两次，一次不落。"

"够简单。"我笑着说道。一个月后，我问起了杰基的情况。

"太神奇了，"洛蕾塔说道，"我每天都给她发两条短信，前几天发出去的，都如石沉大海。大约一周后，她开始回复我了：'我也爱你！'上周，她还回家来了。整整一个月，除了'我爱你'，我们没说过几句话。但显然，有一句就足够了。"

日常练习并不一定要做满一个小时或者达到一定时长。真正重要的不是你花了多少时间，而是日常练习的方法是否得当，日常练习的内容与你选择的人生目标和真正需求是否契合。也许每天只需一分钟，只是发一条短信，只是一句赞美或者一个拥抱。只要是真正需要的，哪怕每天一个拥抱，也可以算是一种日常练习。决定日常练习的不是时长，而是你投入的关心与热情。

▶ **深思细悟** ---

1. 你认为关系创建练习对你有益吗？如果有，它大致的内容是怎样的？

2. 在关系创建练习的过程中，你认为最大的挑战是什么？

3. 你会采取何种策略来应对那项挑战？

人格提升练习

自塑主义提出了一种简单有效的人格模型，将人格划分为三种类型：固有人格、既得人格和可得人格。固有人格就是我们与生俱来的人格，既得人格就是我们逐渐习得的人格，可得人格就是我们可以自由选择的、想要拥有的人格。这个简单的模型清楚地解释了，人格为何难以改变却又可以改变。之所以难以改变，在于既得人格坚如磐石；之所以可以改变，在于我们还有些许提升人格的自由，些许成为理想的自己的自由。

大多数人都能意识到自己迫切需要自我完善。他们真的需要更冷静、更英勇、更专注或者少冲动，他们必须停止反复地重蹈覆辙，或者更有效地摒弃负面思想，或者找到对抗父母独裁专制的力量。我相信，只要你不畏缩逃避，敢于正视自我，你就一定能列出一份想要提升的人格的清单，只要认真思考就能想出来。

虽然我们清楚自己需要提升人格，却没兴趣将其付诸实践。这个问题很典型，也很容易说得通。因为构成既有人格的那些重复的行为方式、习惯和固化的观点，不像易塑形的黏土，而像坚固的混凝土。在日日被生活裹挟的芸芸众生之中，有多少人会费力去掰开混凝土呢？寥寥无几。

想要提升人格？你就要成为那个练习提升人格的人！不断地修炼它，才能成为它！

你最常练习什么，你就是什么样的人。

——理查德·卡尔森

这时候就需要日常练习发挥作用了。它拥有强大的威力，足以凿裂混凝土。也许某天，它只凿下了一些碎片，就像某天，某位作家只给回忆录添上了一个句子一样。但是，一块又一块碎片的掉落，终将完成永久的蜕变，一个又一个句子的积累，终将成就一部伟大的著作。如果你专注于日常练习，不刻意追求进展、成效，因上努力，果上随缘，反倒会有无心插柳的惊喜。

弗雷德里克就是个例子。他拥有世间少有的、优美的男中音歌喉，凭借着嗓音的优势，他的歌剧事业如日中天。可是，频繁的暴怒、人际冲突、痛苦的分手、商业纠纷，还有许多其他事件，却使得他的事业戛然而止，你甚至怀疑他喜欢这种鸡飞狗跳的生活。然而，弗雷德里克否认了。

"我的生活毫无节制。"他哀叹道，"真可笑，都是自作自受，瞧我胖成什么样了！"他一一列举着自己的"原罪"："易怒、自恋、好大喜功，我该拿自己怎么办？"

我忍不住笑了起来："你可以改啊！"

"不可能！"

"你不相信自己能改？"

"不信！"

"那就不提这个。我们来谈谈你的练习吧，每天练声吗？"

"哪儿还练啊！我知道应该要练的，但我管不住自己。"

"这样啊，但你知道每天练声的意义何在，对吗？"

"我非常清楚。"

"你知道莱昂纳德·科恩[①]的那首歌吗？讲歌神什么的？"

"什么？"

"你相信歌神的存在吗？"

"你在说笑吧？"

"那我换个问法，你信奉什么吗？"

沉默了片刻，弗雷德里克缓缓开口："没有"。

我点了点头："那好，我们就把虔诚作为你即将开始练习的重点。"

他想了想，过了一会儿说道："我一直不明白，我为什么不愿每天练声。不明白，我为什么要吃这么多饼干，我明明不喜欢饼干，而且吃多了对嗓子也不好。也不明白，我为什么要一季又一季地追着那个低俗的节目看个没完。"

"所以，你要开始一个以虔诚为重点的练习了吗？"

他点点头："但我不知道那样的练习意味着什么。我大概知道你的意思，但具体要做些什么呢？我虔诚于……什么呢？"

"是什么不重要，不过你可以借此提升你的人格，你想从哪方面入手呢？"

"少吃饼干，我可以每天坚持30分钟不吃饼干。"

"呵呵！"

---

① 译者注：莱昂纳德·科恩，出生于魁北克省蒙特利尔西峰，加拿大一位著名诗人、小说家、创作歌手。这里所指的应该是科恩于1985年创作的《哈利路亚》。

"好吧，这听起来很无厘头。"他想了想，说，"我想不再那么惧怕我的父亲。"

我竟一时语塞，片刻之后才说道："那么，为了减少对父亲的恐惧，你该做些什么呢？"

"应该是……"他沉思了一会儿，"每天坚持练声，我就不那么怕他了。"

我笑了笑："其中缘由，你一定很清楚吧！"

"没错，"他面露喜色地说道，"我还可以每天指导年轻歌手唱歌，是指导，不是霸凌。也许……我还可以开班授课。不过，现在还不行……明年吧！"

"好。"过了一会儿，我总结道，"所以，你将进行一项人格提升练习，重点在于保持虔诚，具体内容是每天练声？"

"是的。"他做了个鬼脸，"不过，这样不就更自恋了吗？"

"不会的，"我笑道，"虔诚于最好的自己绝不是自恋，而是自爱。"

你可能会把人格提升作为首要练习，因为对你而言，提升人格是优先于其他一切的。或者，你可能会把人格提升列为次要练习，用它来辅助你的创作练习、纠正练习或者其他首要练习。无论怎样，都请认真考虑一下，相信多数人都能从人格提升练习中有所获益。

⏯ **深思细悟** --

1. 你认为人格提升练习对你有益吗？如果有，它大致的内容是怎样的？

2. 在人格提升练习的过程中，你认为最大的挑战是什么？

3. 你会采取何种策略来应对那项挑战？

创业练习

假如你自认是一位创作家或者表演家，并且希望能在市场上占据一席之地，那就意味着你同时是一位商人，经营着你自己的个人业务。你要写书也要努力卖书，要画画也要努力卖画，要作曲兼唱歌也要作为独立音乐人处理相关业务。几乎所有在坚持创作练习的人，无论是否真的想投身商界，都同时在坚持创业练习。

同样，那些导师、治疗师、瑜伽老师、私人厨师、按摩师、应用程序设计师、软件设计师、励志演讲人、网红、珠宝设计师，以及所有不领工资试图自己创业的人，如果想要有营收，就必须深谙经商之道。数百万个体经营者毅然决然地踏入商界，他们别无选择，唯有努力经营自己的事业。

如果你自己当了老板，你就能无比清楚，为了事业究竟需要付出多少时间与精力。永远操不完的心，永远不够用的时间，你几乎得24小时不停地工作，全年无休。你的思想一直被占据，哪怕做着不相关的事，脑子也一直记挂着自己的事业。可能你人没有坐在办公桌前，但心里是不是还惦记着你的事业？想着是不是还有一封邮件要发？一个技术问题要解决？一条线索要跟进？一个产品要完成？一个细节要处理？

你应该再拜读一本商业著作吗？还是每天真正花时间开始创业？

创业就像运动员训练。举个例子，就像网球运动员学发球，光告诉你怎么做是没用的，你需要实践、辅导、反复练习，再加上足够的资金支持，才能取得良好的效果。

——安德鲁·杨[1]

假如你已经处于这种状态了，那么就不用再谈日常练习的事，因为你可能已经全天候地在进行着类似练习的事。但实际上，大部分的个体经营者，尤其是创作家和表演家，并不太关心商业上的事。他们更愿意埋头创作，不愿将自己的行为当成买卖交易。其实，许多创作家和表演家真的需要进行日常创业练习，因为他们的个人事业打理得并不好，甚至根本没有打理。

最基本的日常创业练习之一就是，每天抽出一两个小时，关注你的业务需求。这项练习可以直接安排在你的创作练习之后，这样一整个上午，你就先进行时尚设计，再打理相关业务。每天都坚持完成这样的两项练习，长此以往，你定能从中获益。

当然，相较于此，你的创业练习也可以具有独特的个人风格。在我见到吉莉安的时候，她已经经营网店快两年了。生意虽然不火爆，但也不像许多其他小店那样亏本。这份事业给她带来了定期的、真实的收入，只不过还不足以维持生活。网店需要她投入大量的时间与精力，如果不是每天还要出门上班，她很乐意全身心投入其中。

---

[1] 译者注：安德鲁·杨，男，演奏艺术家，代表作有《萨克斯篇》《影视金曲篇》等。

"我不需要日常练习，"她告诉我，"我需要更多时间来打理事业。我需要靠它赚到比现在多两倍的收入，那样我白天就不用去上班了。"

显然，她真正需要的是一项日常练习，虽然她对此半信半疑，但还是与我讨论了日常练习的要素，其中一个引起了她的注意。

"我觉得需要将练习安排在每天早晨忙网店的那段时间里，重点就是……叫什么来着……'善终'？我需要用另一种方式来结束早晨的网店工作，因为我每次都因为不得不停下来而气急败坏，一想到要出门上班就很烦躁，我得彻底换个方式。"

我大笑道："具体怎么做？"

"大概是冥想一会儿，然后做做深呼吸之类的。"

"行倒是行，只是你似乎不怎么相信。"

"的确如此。"她承认道。

"我们来捋一下要点，"我说道，"你需要更多时间打理网店，需要你的网店赚更多钱；你还不想为必须要上班而生气烦躁；你想更平静地接受必须上班的事实，对吗？"

"没错。"

"假如能平和地对待你的工作，那么你上班时的表现会如何呢？"

"工作效率会更高，不会拖拖拉拉，皱眉蹙眼。而且，我每天的工作量是固定的，假如我不再抗拒的话，用不了8小时，只要3小时我就能完成。"

许多业务需求可能会令你烦躁、气恼或者焦虑，但你还是得去做，而此时，日常练习可以派上大用场！

每天至少要做两件讨厌的事，纯粹是为了修行。

——威廉·詹姆斯[1]

"那你可以用余下的时间来打理自己的网店吗？还是说你必须在那里闲坐着或者假装在工作？"

"我当然可以干自己的事啦！"她想象着那幅画面，"我可以每天在上班的时候，花两个小时来打理网店。"

"很好！那我们再回到日常练习的问题，你现在清楚了吗？"

"清楚了，我的整个人生就是一项练习。具体来说就是，每天早晨忙完网店的事之后，我要宣布今天的事还没结束，下午我还有许多时间来继续打理网店。然后补上一句'我有更多时间啦！'，我的练习就是如此简短而快乐，只需每天早晨提醒自己，我没有被迫停下自己的事，只是换个地方而已。"她不禁笑了笑，"我的口诀就是：'换个地方接着干！'"

▶ 深思细悟 --

1. 你认为创业练习对你有益吗？如果有，它大致的内容是怎样的？

2. 在创业练习的过程中，你认为最大的挑战是什么？

3. 你会采取何种策略来应对那项挑战？

_____

① 译者注：威廉·詹姆斯（1842年1月11日—1910年8月26日），美国心理学之父，美国本土第一位哲学家和心理学家，也是教育学家、实用主义的倡导者，美国机能主义心理学派创始人之一，也是美国最早的实验心理学家之一。

能动性练习

　　自塑主义所包含的内容，还涉及人与文化、社会之间的关系，认为人们往往会被一些不公平的社会现象所激怒，继而人们可能将发挥能动性列为人生目标之一。一位秉持着自我激励、自我负责、不平则鸣等生活观念的自塑主义者，面对不公平、不公正的现象时，是不会视而不见的。因此，他很可能已经或者准备将能动性练习引入自己的日常生活，使其成为首要或者次要的练习内容。

　　作为一名活动家，我当前的全部精力都集中在让大众看清：精神病科和心理保健机构提供的治疗方法和诊断依据究竟有几分可信；有多少儿童因为被违规"诊断"和"治疗"所谓的"精神障碍"，致使身体受到了损害，而这种所谓的"精神障碍"根本就不存在，患病一说更是无稽之谈；这个行业的诊断圣经《精神障碍诊断与统计手册》（由美国精神病学会编写），根本无法作为诊断依据，只是一份标签目录，只是相关利益者的摇钱树；我们这些批判心理学和批判精神病学阵营的人们所关心的其他相关问题。

　　积极活动并非我生活的重心，对你来说可能也是如此。但是，恐怕你也不希望自己的生活缺少它的存在。然而，这种情况却极易发生，因为积极活动可能会切实地令你受到批判、报复，甚至遇到其他更大的危险；同样，你可能会切实地感到消沉、迷茫和绝望。那么，为什么要去做既有风险又会令你沮丧的事呢？因为这是正确的事。然而，即使你无比确信自己所行皆正义之事，但其严重的后果仍可能会令你望而却步。

倘若你正好遇到了这个问题，那么你可能需要进行日常能动性练习，来确保你能积极活动起来。要知道，许多人正是因为觉得危险和压抑才轻易放弃能动性的。假如你已经是一位活动家，而且因为坚持活动而不再需要进行日常能动性练习，你可能依然需要考虑额外增添一项能动性练习，以此来满足一些特殊要求。莫利的情况就是如此。

或许我们能做的不多，但每天都要尽力而为。

有时我们无力阻止不正义，但决不能停止抗争。

——埃利·威塞尔[①]

莫利做了很多事情。她写过青少年小说，拍过独立短片，参演过街头戏剧。她因编排快闪戏剧而闻名，但这种活动时常会阻碍交通、激起民怨，有时甚至会成为新闻头条。莫利是一位彻头彻尾的政治家，她不满足于只是对当权者存在的问题进行口诛笔伐，她想用自己的一生来践行行动主义。可问题是，世界的现状令她感到万念俱灰。

在美国，"法西斯主义正在四处兴起，"在我俩早前的一次辅导谈话中，她说道，"奴隶制卷土重来。数百万儿童正在服用精神疾病类'药

---

① 译者注：埃利·威塞尔（1928—2016），1986 年诺贝尔和平奖得主，美籍犹太作家和政治活动家。

物'，被拖入药物成瘾的深渊。大企业搞腐败，小企业也腐败；中央政府腐败，地方政府也腐败；宗教，一如往常，与法西斯分子同流合污；最糟糕的是，每当有谋财害命的暴力事件发生，总会有一部新的迪士尼电影上映，借此转移公众注意力。这个世界真是不可理喻！"

"或许你需要某种日常练习。"我建议道。

"哪种？能让我失忆的那种吗？这想法不错啊！那就额叶切除练习吧！"

"你需要放松，"我说道，"你的小说、电影和表演都需要一些轻松感。你绷得太紧了，世界局势也是剑拔弩张，或许你需要的是每天放松10分钟，来消解一些沉重感。每天从各种活动中抽出10分钟，喘口气。"

"我确实需要放松，"她认同道，"可时间不允许啊！"

"每天10分钟都不行吗？你还有1430分钟可以去拼命战斗。"

她笑了起来："我还得睡觉呐！"

"不过说实话，"我说道，"你当然是不需要能动性练习的，但或许你需要一项练习来帮助你更好地发挥能动性。毕竟，战斗疲劳是真的，积极活动的疲劳也是真的。"

她想了想，说："我想要每天洗澡。"

"每天洗澡？"

她点点头，说道："在我坚硬的内心世界里，洗澡被认为是自我放纵。但我喜欢洗澡，而且……是泡澡。我需要听着音乐，闭上双眼，感受温暖。我真的需要感受温暖，我觉得冷极了。"她瞥了我一眼，"那可不是迪士尼电影的台词。"

人生的坎坷似乎已令你自顾不暇，你还会将整个世界的重担都扛在肩上吗？会！

我追求真相，不管出自谁的口；我追求正义，不管谁输谁赢。首先，我是一个人，因此我支持一切造福全人类的人和事。

——马尔科姆·X[①]

要知道为何抗争并不难，难的是知道如何去抗争，因为在庞大的社会机制面前，个人的力量太微小了；难的是真正将抗争付诸实践，因为抗争是伴随着巨大风险的；难的是一旦开始抗争，你就停不下来，因为要做的事似乎永远做不完。然而，如果你深知积极行动是或者应该是你的人生目标之一，你可能需要进行一项能动性练习，来帮助你实现你所选择的最重要的人生目标。

深思细悟

1. 你认为能动性练习对你有益吗？如果有，它大致的内容是怎样的？

2. 在能动性练习的过程中，你认为最大的挑战是什么？

3. 你会采取何种策略来应对那项挑战？

---

① 译者注：马尔科姆·X，原名马尔科姆·利特尔，是与马丁·路德·金齐名的美国黑人民权运动领袖。

表演练习

你可能不是演员或者音乐家，但你仍可能是一个表演者。无论是在婚礼上致辞、介绍某位演讲嘉宾，还是做工作报告，几乎每个人都有需要表演的场合。销售员是表演者，辩护律师是表演者，课堂上讲课的老师是表演者，研习班的主理人是表演者，牧师是表演者，求职者也是表演者。对多数人而言，人生中的大部分时间都在表演，而且表现的好坏往往至关重要。

我曾经在一个招聘小组里待了整整两天，期间有几十位应聘者，前来竞聘伯克利市一家机构的心理治疗师的职位。不得不说，简历再精彩也不如临场表现重要。有些优秀的应聘者正是因为临场表现欠佳，而将机会拱手让人。最终，表现最好的一位女性脱颖而出，得到了那份工作。从简历上看，她是最佳人选吗？这已经不重要了，重要的是，她是那间屋子里表现最好的那一个。

我在无数场合有过各种各样的表演：写作创作的硕士论文答辩，家庭治疗师执照的口试，图书签名会，电台采访，电视采访，为期一周的研习会，专家小组讨论，等等。

甚至在部队里当教官，也是一种表演！因为一退伍，我就去反战集会上发言了。

你也时常或者偶尔需要表演。借助日常表演练习，你可以练习彩排、熟悉台词、提高演技、打磨剧本、稳健台风，等等。假如你是职业表演者，那么你可能需要长期坚持这样的表演练习；而假如你不需要经常表演，只是需要应付某个重要场合，比如在女儿的婚礼上致辞，那么你可能就需要在数天或数周的有限时间内，每天坚持表演练习。

除了基本的彩排和练习功能，我们在日常表演练习中还能得到什么呢？马克思是职业小丑演员，他的演出汇集了杂耍、哑剧、滑稽表演、魔术及多种令人拍案叫绝的表演形式。当然，靠小丑表演谋生几乎是不可能的。但是，经过不懈的坚持与努力，马克思在全国各地的学校、市集、企业活动等类似场合，得到了大量演出机会，竟也勉强维持着生计。

唯有一事令他耿耿于怀：他的"愚蠢"。在观众面前，他是乐意扮丑装傻的，但是在不该犯傻的时候，比如签合同或者处理其他商务事宜时，他好像还是会不知不觉地犯傻。他对待商演事宜太过轻率，开发票总是拖拖拉拉，不会谈价，也不会拉拢回头客。尽管他在这方面简直"傻得冒泡"，但他的演出事业仍在稳步发展，这不得不说是个奇迹。

在我们的一次谈话中，马克思突然说："我的小丑形象已经塑造得很好了，但是我还需要一个商人形象。我能想象得出，一定不是西装革履的那种，而是更像工地上的包工头：卷着袖管儿，戴着安全帽，粗着嗓子发号施令，找人谈话，不接受任何指责——工头马克思。"

"其实，你可以把这当成你的表演练习，去练习扮演这个人物。"我试探性地说道。

"这主意我喜欢！"

"何不想想具体该怎么做呢？"

马克思想了想，说："先去买件工作服，还有工作裤，价格合适的话，再配上一双大皮靴，还有安全帽——或许可以稍微装饰一下。不不不，那是小丑马克思需要做的，不要任何装饰！我会每天拿出一小时，穿上我的工头装，以一个商人的角色处理商务事宜，态度也要适当强硬些、严肃些。"

我真的很好奇，想知道马克思的练习究竟会有怎样的成效。在第一封反馈邮件中，他告诉我："杰克，即'商人杰克·哈默尔'，没能现身。后来，我穿戴得整整齐齐，可他一个劲儿地嘲笑我。看看明天会怎样吧！"第二天，他回信称："安全帽掉了下来，大小不太合适吧！不过，这次杰克没再笑我。我觉得差不多了。"又过了几天，我收到了马克思的回复："今天，我给明尼苏达的一个组织发了一封邮件，语气从未如此强硬，不到一小时，我就收到了答复，他们提出要和我面谈。我已经是杰克啦！"一分钟后，他又回复我："快成杰克了，现在算是3/4个杰克。"几秒钟后："杰克说我，不应该发最后那封邮件的，他狠狠训了我一顿。"

日常表演练习，并非仅限于弹钢琴或者背台词，它的内容完全由你决定。你可以每天抽出一段时间，预演即将发生的某个情景，比如工作审查或者与年迈的父母进行困难的谈话；提炼你在介绍品牌时要表达的要点；为了即将到来的见面会，反复演练你将如何在画廊老板和书商面前展示自我。人生如戏，需要演技——旨在提升你的表现的日常表演练习，一定会给你带来丰硕的成果。

你想要有好的表现，或许不需要练习也能做到，但是这概率有多大呢？

练习出演技。

——戴安娜·格迪

▶ 深思细悟

1．你认为表演练习对你有益吗？如果有，它大致的内容是怎样的？

2．在表演练习的过程中，你认为最大的挑战是什么？

3．你会采取何种策略来应对那项挑战？

勇气练习

我6岁的孙子在学习空手道，这对他是有好处的。平时，他得在教室里坐上一整天，当个乖乖的一年级新生，对于精力充沛的他来说，能完成如此"壮举"，确实是个奇迹了。但是，每天他也迫切地需要踢踢打打，大喊大叫一阵，虽然一节空手道课还不足以耗光他的"电量"，他回到家依旧四处乱窜、横冲直撞，但练习空手道对他的确是有好处的。

练习空手道，既可以帮助他释放能量，又有助于增强他的勇士气魄。自塑主义认为，我们每个人心中都应该有一位勇士。我们要反抗不公平、不公正及一切卑鄙行径；我们还要反抗那些既定的事实，它们说我们是渺小的、说我们很可笑，竟然认为自己是重要的，竟然认为自己的努力是重要的，竟然费力地扛起了全人类的重任。我们若要将这些反抗进行到底，需要勇士的气魄。

日常勇气练习的具体内容是怎样的呢？可以是武术练习，比如空手道、柔道、跆拳道；可以是加强身心控制的练习，比如瑜伽、冥想、太极拳；也可以是人格提升练习的特别版，即借此来治愈那些使我们变得软弱的心灵创伤；还可以是某种创作练习，即运用我们丰富的想象力，使我们心中的那个无所不能的自己具象化。你的练习内容，由你来设想。

自胜者强。

——老子

莱斯利就需要这样的勇气练习。从小她就饱受虐待之苦，长大后，在每一段关系中，她总是被深深伤害的那一个。如今，她对止痛药产生了依赖性。唯一能阻止她走向崩溃的是，她的一对5岁的双胞胎，她清楚地意识到如果越界，自己会有多愧疚。可即使是这对双胞胎，也只是延迟她的脚步，堕落似乎无法避免。于是，我们讨论了一些对策。

"那个十二步疗法的互助会，我去不了。"她摇着头说道，"我试过，不喜欢。"

"好。"

"治疗也不考虑，谈话谈个没完。"

"好。"

"要不是为了两个孩子，我会选择放纵自己。"

"明白了。"

"虽然还没到那一步，但我也算是半个瘾君子了。"

我点点头。

"但凡还有一线生机，谁会真的愿意去自杀呢？"她说道。

我们都叹了口气。

"你知道《百万美元宝贝》那部电影吗？"沉默许久之后，她说道，"我还挺喜欢。"

"知道，我也喜欢。"虽然不知道她接下来要说什么，但我还是顺着问了一句，"你想打拳击吗？"

她直起身："拳击？我？"

"我只是问问。"

"乔不会让我打的，"过了一会儿，她说道，"绝对不会。"

我点点头："如果只是跟着视频，对着镜子打呢？那他还怎么知道？"

"那就有点儿像跳舞了。"她说道。

"是有点，勇士舞。"

她笑了起来："勇士舞！"

看得出来，她在脑海中幻想着这幅画面。最后，她还是摇摇头。

"他会发现拳击手套的。"她闷闷不乐地说道。

"我在想，你真的需要手套吗？"

她考虑了一下："需要，没有手套就没有真实感了啊！"

于是，我们坐在那里想象了一下她戴着拳击手套的画面。

最后，她说："我觉得我做不到，我永远也不会买那副手套，这不可能。"

我点点头："那你能做到什么程度呢？或许来个删减版，不要手套？"

"我几乎可以想象到自己在跳着勇士舞，类似于部落舞蹈。只适合女人跳的，这倒是可以研究研究。'女勇士之舞'吧，乔去上班之后，我或许可以试试。"

至于莱斯利有没有找到适合她的勇士舞，有没有开始练习，这些我都不知道，因为她取消了原定的所有后续谈话。但我从另一位客户亚当那里，了解到他参加某项奇特的导师培训的进展情况。

"我们还要完成铁人三项！"他告诉我。

"铁人三项？就为了当生命导师？"

他点点头："嗯，不过是简化版的，但还是很严苛的，我每天都在训练。"

我摇摇头："还真是稀奇！"

"我知道！但是，在这套训练的背后，蕴含着许多高识远见和人生哲学，可以追溯到几千年前的斯多葛主义和角斗士，还有些其他什么人。我们都很认同，只见100个'懒虫'天天在那埋头苦练。"

"然后呢？"

"然后棒极啦！我觉得我一直需要某种情境、需要有个借口或者动力，才能去做一位勇士。而在这种训练框架下，事情就简单多了。好吧，其实一点儿也不简单，但你懂我的意思啦！"

尽管没有哪项练习是可以解决人生中所有问题的，但是日常勇气练习的好处却是方方面面的。如果练习内容是健身的话，它可以使你保持健康，它可以使你保持平稳的情绪。如果练习内容是增强对身心的掌控，它就可以通过对身心的协调，确保你的目标与行为的一致性。它可以振奋你的精神，可以使你变成更强大的自己，可以增加自信。勇气练习真的可以做到这些吗？只要每天坚持，确保20个要素都到位，它的确可以做到。

1. 你认为勇气练习对你有益吗？如果有，它大致的内容是怎样的？

2. 在勇气练习的过程中，你认为最大的挑战是什么？

3. 你会采取何种策略来应对那项挑战？

治愈练习

多年来，针对家暴给家庭成员造成的伤害和影响，我做了大量基础研究工作。为此，我还专门写了一本书，名为《帮助那些被有家暴倾向的家长、兄弟姊妹、伴侣所伤害的幸存者》。专制伤害是指在下列情况中发生的伤害：第一，当你被迫与有家暴倾向的父母、兄弟姊妹或者成年子女生活在一起时；第二，当你与家庭中其他专制的成员密切接触时，比如祖父母、姑姑或者叔叔；第三，当你选择了一位专制的伴侣，且不得不与他（她）共同生活时。

与其他造成创伤的经历一样，这种家暴伤害所造成的负面影响也是终生的，类似的伤害还包括身体虐待、性虐待或者被弃养等。这种持续的影响包括长期的焦虑和绝望，不善于处理人际关系，无法清晰地思考或者做出合理的选择，不自尊、不自信及其他严重后果。深陷这种困境的人，应该好好进行日常治愈练习，那绝对是明智之选！

再来具体解释一下创伤的概念。假设有一位少年，他很喜欢画画，可是他每次画画都会挨打，而打人者的"理由"是："你别在那儿鬼画符啦！你简直是在浪费纸！"后来，他还是（非常神奇地、叛逆地、勇敢地）成了一名画家。他还会记得自己挨过的那些打吗？那些记忆是否还会闪现？他会做噩梦梦见自己被打吗？可能会，也可能不会。然而，即使不再有清晰的记忆，那些经历也一定对他造成了伤害。

这种伤害会产生哪些后果呢？每次下笔前都会极度焦虑；摆脱不掉的绝望感；明明是竭尽全力完成的画作，却不许他人吹捧；如影随形的悲观与忧郁。是的，他可能已经忘了那些被打的经历，甚至当被问及时，他还会摇摇头说："那些从未发生过。"但是，从他的生活方式中，从他正在经历的种种艰难中，你是可以感受到那些经历的。

创伤意味着破碎，什么的破碎？有时是安全感：我们感到世界不再安全了。有时是自尊和自我意象：我们对自己的评价大幅降低，不再认为自己有能力、值得被爱或者有价值。有时是我们与生活之间的基本关系：这一刻生活还是我们的欢乐所，下一刻它就变成我们的梦魇地。

那么，治愈练习应该怎样做呢？可以很简单（对某些人来说很难），那就是每天花一些时间来提高知觉。创伤虽然可以使人在一定时间内保持高度警觉，但最终还是会令人思想麻痹。思想麻痹可能有助于受害者忘掉那些受伤的经历，于是他们便自动选择浑浑噩噩地度过人生。

假如你也是这种情况，你就很可能无法注意到那些会触发汹涌痛苦情绪的事物；无法注意到你正在重复错误的模式，比如再度选择了一位专制的伴侣；无法注意到自己又陷入了一段受虐关系之中。解决长期思想麻痹的方法之一就是，坚持练习保持清醒，而旨在提高知觉的日常治愈练习具有很大的作用。

比方说，你的练习是学会宽恕、放弃或者感恩。那么，你不会宽恕一次、放弃一回、感恩一次便作罢。你需要反复练习，在练习时练习，在生活中践行。

宽恕不是一次性的，它需要日日练习。

——索尼娅·鲁姆齐

关于日常治愈练习的内容，你可以每天冷静地自问："为什么我明明不想吵架，却对鲍勃大发雷霆？""为什么明知于己无益，却还是不断告诉自己根本没有天分。""为什么我会认为生活是场骗局而人间根本不值得？""为什么我明知与父母沟通只会得到伤害，却还要给他们伤害我的权利？""为什么对于不喜欢的人，我却无法放弃与他们之间的'友谊'？"你可以静静地思考这些问题，在承受着质问自我的焦虑时，努力调整思绪，一一作答。出现这种焦虑完全在你的意料之中：当我们在审视自己的自我破坏行为或者负面思想时，当然会感到焦虑。所以，你还需要可靠的焦虑管理工具。

在"精神障碍说"大行其道的环境下，治疗的概念被严重曲解。按照目前的观点，你的这些负面情绪是一种慢性的、终身疾病的症状，最好接受药物治疗。虽然在医学的其他领域，比如断骨修复，治疗方式的选用是值得称赞的，可但凡涉及精神障碍，所谓的治疗就实在不敢恭维了。你患上的所谓"躁郁症"或者"多动症"，是永远无法治愈的，因为按照精神障碍范式，这些是不可治愈的。

相反，自塑主义尊重事实，强调环境的重要性。它认为创伤经历会产生持续的影响，包括对人格形成的影响（负面情绪被固化为人格的一部分），因此治愈过程一定艰难坎坷，但最终的结果一定是值得的。你可以借由日常练习，重建内心破碎的部分，从而达到治愈的目标。

◈ 深思细悟 --

1．你认为治愈练习对你有益吗？如果有，它大致的内容是怎样的？

2．在治愈练习的过程中，你认为最大的挑战是什么？

3．你会采取何种策略来应对那项挑战？

解决问题练习

马克正在努力实现从高校职员向独立导师的转变。在学校咨询部做心理健康咨询师期间，他办过讲习班，组织过互助小组，也给学生做过一对一心理咨询。这么多年，虽然他对其他咨询领域也有所涉猎，但考试焦虑和表演焦虑一直是他专攻的重点。目前，他还没有辞职，毕竟他需要这份收入，不过他希望可以尽快辞职。

"给别人打工是很不容易的事，"马克告诉我，"要应付办公室的那些钩心斗角，新领导要求一大堆，可是你的小时工资却少得可怜。还有通勤，就几年时间，通勤的时间增长了近10倍。行政部门管我们管得紧，经费也管得紧，仿佛我们这些职员不是值得尊重的劳动者，而是他们的奴仆。学生们的处境也越来越难。总之，这份工作很不如意。"

他笑了笑，继续说道："不过，打工是有收入的，自己当老板似乎就只有支出了。还有100万件待办的事，要开展这种社交媒体活动，要下载这个应用程序或者这个插件，跟着学习他们的'财务独立十步法'，要参加这个训练，要购买这个讲习班的课程，要读这本电子书，等等。"

于是，我们聊到了日常创业练习，马克想了想，又摇摇头："我喜

欢日常创业练习这个想法，但在开始创业练习之前，我还需要做一些
准备。目前，我还不清楚究竟应该做些什么。我这种自主经营不像开
快餐店，快餐店的话，就是有人走进店里，你给他们一份三明治加一
杯免费饮料，人们就能知道你的店了。我所经营的业务比这要抽象得
多，更像是一个有待解决的问题，或许我需要解决问题的练习！"

我完全明白了他的意思。"那你打算具体怎么做？"

"我还不确定，但是我不想再去看这个或者那个人的博客了，也不
想再去跟着学各类十步法，什么经营企业啊、扩展人脉啊、壮大品牌
啊、开展活动啊、做大网站啊，等等。我不想再去网上冲浪了。"

我笑了笑："那你就打算干坐着？"

"不，"他想了一会儿，"我想……我想知道当独立导师这个想法究
竟靠不靠谱。我认识三位生命导师，他们似乎都做得不错。我想和他
们每个人都聊一聊，请他们——求他们——告诉我一些真相，告诉我
他们是不是真的成功了，如果是，他们成功的秘诀是什么。我必须在
现实中找到一些真正成功的人，向他们取经。"

我点点头："所以你的想法是，每天或者定期与导师们聊天，听取
他们的意见？"

"没错，我正是这么想的！"

之后，我们有一个月没有联系，因为马克要忙着找生命导师聊
天，还要真正开始着手准备工作，他还需要时间来好好思考。后来，
当我们再聊天时，他似乎乐观多了。

"我学到了一些经验，也有了一些结论。"他说道，"首先，与个人
客户合作弊大于利，无论是新客户开发还是老客户维系都很难。相比
之下，更简单、更有效的方式是运作长期项目，比如6个月的项目，这

样可以有实实在在的资金进账。其次，重点可以放在让所有人都参加同一个单项训练，而不是让他们各自参加不同的训练课程。所以我打算开办一个线上为期6个月的表演焦虑课程，学费为几千美金，采用15或者20人的小班教学，这就等于真正有收入了。虽然我不知道这么做究竟是对还是不对，但至少对我来说是有意义的，我已经迫不及待要去试试啦！"

马克的解决问题练习帮助他实现了重大的职业转变。你也可以用这种练习帮助你解决问题：比如为垂暮的父亲找到最好的看护，得到最合适的退休收入（比如究竟是养老金划算还是反向抵押贷款划算），决定是用西医还是中医来解决你的健康问题，诸如此类。这些问题都需要耐心研究、周密分析、专心思考。若要真正解决某个紧迫问题，没有比坚持每天练习更好的办法了。

有些问题是自己冒出来的，而有些问题却是艺术家、科学家或者发明家制造出来的！

我喜欢创造问题，因为我更喜欢解决问题。

——安·杰林斯基

◆ **深思细悟** --

1. 你认为解决问题练习对你有益吗？如果有，它大致的内容是怎样的？

2. 在解决问题练习的过程中，你认为最大的挑战是什么？

3. 你会采取何种策略来应对那项挑战？

自塑练习

多年来，我对人性和生存之难有了深刻的领悟，在此基础上，我总结出来一套人生哲学理论——自塑主义。

现代的人生哲学涉及的范围很广，比如，价值如何实现，单一人生目标与多重人生目标的区别，工作的现实性，自我激励和自我负责的高标准，文化与社会的挑战，道德行为的具体表现，等等。

自塑主义着力解决的就是这些错综复杂的难题。假如你对任何哲学或者宗教都没有足够的认同的话，可以了解一下自塑主义，看看你会产生怎样的想法。自塑主义是一套旨在解决人生难题的哲学理论。以下15个要点是自塑主义的生活指南，它们将帮助你更好地理解自塑主义。

1. **行动步骤：确定人生目标。**自塑主义者知道什么对自己才是最重要的。这听起来再自然不过了，但很少人能做到。大多数人庸碌一生，主要是因为他们一直被告知，人生只有"一个目的"，于是他们不停地寻找那个唯一，结果往往两手空空。人生本没有目的，它只是由你所选择的一个又一个人生目标所组成的。

2. **行动步骤：实现你的人生目标。**同样，这也是不言而喻的。如果你知道自己的人生目标是什么，当然会想要实现它们。但是，即使完成了步骤1，想要完成步骤2，依然是有难度的。因为各种正事闲事、差事杂事、大事小情都会被优先处理，因为同时兼顾多个人生目标并保持一一跟进是很难的，因为我们的人生目标一定比打开电视机要难得多，还有许多其他原因。而自塑主义者会找到方法来应对这些挑战，最终实现人生目标。

3. **行动步骤：围绕你的人生目标来安排生活。**每天醒来时，你可以对自己说的话有很多，在接下来的一整天你可以不断重复这句话：重要的事有哪些？"我今天必须要做什么？""我在烦什么？""我怎么才能报复？""我怎么才能成功？"相比于这些，不如问自己"重要的事有哪些？"这些重要的事可能包括：艰难地同儿子聊聊他的酗酒问题，发表一份响亮的政治声明，或者创立一家小企业。从醒来的第一刻到睡前的最后一秒，请一直把"重要的事有哪些？"这句话记在心里。永远把重要的事放在第一位！

4. **行动步骤：相信自己，以自己为荣。**现代人不自信的理由太多了。"我们也许只是无垠宇宙的渺小产物，不必高估自己的价值"这种观点，自塑主义是极不认同的。我们的价值是通过实现人生目标、正己守道、肩负延续文明香火的重任来实现的。这是纯粹的主动担当，无人命令，无需批准，我们应当为自己感到骄傲。

5. **行动步骤：正己守道。**在我们生活的这个时代，19世纪先贤掷地有声的那句"真，善，美"，已经被语言分析哲学和解构性后现代主义的尖刀划成了碎片，我们已经很难再义正词严地使用这几个字了。但是，即便知道恶行不一定会得到应有的惩罚，即便知道并不存在绝对的道德标准，即便知道各种价值观层出不穷，很难判断孰优孰劣，我们还是宣扬返璞归真、提倡行善。自塑主义者要求自己正己守道，一生行善。

　　你的自塑练习会是什么样的呢？只要有助于你实现人生目标、行善意之事，无论什么内容都行。

　　说唱是人类的一项技能，所以真正的说唱练习中应该闪耀着人性的光芒。

——KRS-One[1]

　　6. 行动步骤：做你自己。 来自家庭和社会的多股力量都会试图束缚你，通常是以专制的方式，比如霸凌、羞辱、谩骂、使用霸王条款，总之各种暴力的手段层出不穷。你可能会被禁言，被人悄悄使绊子；有人可能会直截了当地说你人微言轻、难成大器，倒不如识相点儿，听从他们的便是。请务必终生与这些言论抗争。去抗争，去成为本来的那个你，去成为必须成为的那个你，去成为想要成为的那个你。即使害怕，也请勇敢做自己。

　　7. 行动步骤：创造意义但不要渴求意义。 意义只是一种特殊的心理体验，我们可以努力拥有更多这样的体验。当然，我们可以试着创造意义，但我们不应过分渴求，也无需刻意寻找，它不是我们遗落的钱包，或者其他在山顶能找到的物品。自塑主义者明白，意义只是一种心理体验。所以，他们尽量不去过分渴求意义，而是专注于实现自己的人生目标。在实现人生目标的过程中，积极地创造意义。

---

　　① 译者注：KRS-One，原名劳伦斯·克里斯·帕克，美国说唱歌手。艺名KRS-One 取自 "knowledge reigns supreme over nearly everyone" 每个单词的首字母，意为知识对每个人而言都是至高无上的。

8. **行动步骤：给生活点个赞**。许多人在不知不觉中已经放弃了生活。他们多是稀里糊涂地盘算了几下，就认为生活欺骗了他们，生活本不应如此，人生不值得，这种结论自然会令他们陷入长期甚至终身的悲观情绪之中。在这种情况下，他们做什么事都没有耐心，也不相信自己的能力，更不可能团结一致共同支持人类事业。而自塑主义者会审慎地进行判断，即使有无数个理由可以得出十分残酷、消极的结论，他们还是对生活竖起大拇指。即使觉得人生并不如意，也请全天候地（既是比喻也是字面意思）为它竖起大拇指。

9. **行动步骤：以练习开始新一天**。令你感到失望和不安的是，你匆匆忙忙地过了一天，做了一件又一件事，却唯独落下了对你重要的那些事，比如"保持节制""写剧本""乐观""组建非营利组织"，或者"向所爱之人表达爱意"。自塑主义并没有"必备练习"一说，但建议每天早晨，通过练习使自己精心并专注于自己的人生目标。每天定时的练习，无论是安排在起床后的第一件事，还是一天中的其他时间，都像是杂务之海中的一只锚。请创建一项能帮你实现人生目标的日常练习吧！

10. **行动步骤：安排好每一天**。自塑主义者会将每一天都概念化为需要高度精心规划的事。最重要的事可能也是最难完成的事，因为知道自己很可能会因此故意逃避，所以他们会预先将重要的事安排好，并重点标记。精心安排的一天可能包括用一小时专注创作、一小时联络事务、一小时积极活动，许多个小时的日常工作和一点放松时间。假如真能照此执行，这也能算得上是完美的一天了。请用心规划每一天，同时为突发或者意外事件留出一些时间。

11. **行动步骤：正面思考**。虽然我们的思想不能完全决定我们是谁，但思想对我们的影响是巨大的。假如我们总是产生负面思想，就会使自己丧失斗志，质疑自己的能力，增长焦虑情绪或者陷入绝望，最终变成更软弱、更胆怯、身心状态欠佳的自己。自塑主义者给自己设定的认知标准很高，他们要求自己必须积极正面地思考。这意味着他们需要倾听内心的声音，正确地辨别正面与负面信息，然后否定并驱逐那些干扰自己的声音。请设置高标准，要求自己只专注于于己有利的想法。

12. **行动步骤：清醒地活着。** 自塑主义将我们的思想比喻成房间，自塑主义者自是深谙其道，这房间就是我们居住的地方，它有一些特质（比如密不透风），我们可以重新装修（比如添上窗子让空气流通进来），我们在这里会形成某种特定的居住风格，可能于我们有益也可能正相反。在这房间里，我们可以絮叨自己的无能，搅扰自己的思绪，令自己陷入绝望；同样在这房间里，我们也可以安静地沉思，激情地创作。自塑主义者认为这房间完全由自己所掌控，他们清醒地居住在里面。通过检查居住方式，确定需要进行哪些改正，并做出相应调整，你就可以步入一段新的自我关系。

13. **行动步骤：提升人格。** 自塑主义者使用的人格模型由三部分组成：固有人格（与生俱来的）、既得人格（逐渐习得的）、可得人格（可以自由选择的，想要拥有的）。自塑主义者会用可得人格来弱化固有人格，提升既得人格，并在此过程中创造出更多可得人格。人格模型虽简单，但意义深刻，它可以时刻提醒自塑主义者，他们最重要的人生目标。提升你的人格吧，这样你就能成为自己理想人生的创造者。

14. **行动步骤：解构工作。** 多数人都不得不把2/3的清醒时间用在工作上。有一小部分人热爱自己的工作，另一小部分人能平和地对待自己的工作，而大多数人都不喜欢甚至讨厌自己的工作。对大多数人来说，工作是最贪婪的"强盗"，盗走了他们大量的时间与精力。自塑主义者明白，如果解决不了必须工作的这个终极难题，那么任何人生哲学都无法深入人心。请带着"保持自我""自我激励""创造意义""实现人生目标"等自塑主义的核心观点，重新审视一下你的工作。

15. **行动步骤：坦然地过上自塑主义的生活。** 假如你独立自主地生活，专注于自己的思想，正己守道，在需要发声时挺身而出，充分实现了所有的人生目标，那么你必定无法很好地融入社会，必定要与那些企图压制你的势力相抗争。自塑主义者的一生是积极行动和充满勇气的一生，外人眼中"荒唐的反叛"恰恰是他们最重要的品质。他们公开地、自豪地过着这种生活，不带一丝窘迫。作为自塑主义者，无论何时他们都会自豪快乐地生活在光明之中。

自塑主义没有被奉为圭臬的固定练习内容，也没有教条式的练习方法。你的自塑练习完全由你来决定，它可以是以上任何一种，或许它还会给你带来惊喜！请认真考虑一下自塑练习，想要了解更多关于自塑主义的内容，可登录kirism.com。

⏩ **深思细悟** --

1．你认为自塑练习对你有益吗？如果有，它大致的内容是怎样的？

2．在自塑练习的过程中，你认为最大的挑战是什么？

3．你会采取何种策略来应对那项挑战？

"自由"练习

日常练习可以围绕任何主题。

- 可以围绕你想增加的某种品质，如冷静、热情或者勇敢。每天进行这类练习就相当于持续的人格提升练习。

- 可以围绕短暂的抽离，如从忙碌中抽离、从担忧中抽离、从惯常的思维方式中抽离。每天进行这类练习有助于保持精神健康。

- 可以围绕提供服务，如辅导你所从事的领域中的年轻学者，为你所属的组织提供义务劳动，或者在托儿所、救济站做义工。每天进行这类练习既造福他人又成就自我。

- 可以在已有的创作练习之外，添加一个创业练习。你可以先专心创作，晚些时候再花一两个小时处理商业事务。每天进行这类练习可以帮你创收。

- 可以围绕改变或者过渡的想法，想象你辞职、舍弃事业、离开家乡之后的场景，想象你重回某段男女关系或者亲密婚姻关系的场景，或者想象你过上自塑主义生活的场景。每天进行这类练习可以令转变更快到来。

- 可以围绕你喜欢却很少去做的事情，如看小说、阅读艺术类书籍、听古典乐，或者在湖边散步。每天进行这类练习将使你轻松愉悦。

- 可以围绕终身学习的目标，如掌握一门外语或者加深对某个科学主题的认识。每天进行这类练习可以保持思维敏捷，防止思维退化。

- 可以围绕维系或者改善某段人际关系，每天与对方保持联系，如住在5000英里以外的忙碌的女儿，或者住在家乡一家养老院里的年迈的姑妈。每天进行这类练习会给你的生活带去爱与温暖。

- 可以为你的首要练习补充一个辅助练习，如在健康练习之外，补充一个心理健康练习。下面这个例子就很好地说明了一项练习是如何对另一项练习进行补充的。

玛丽安娜每天都坚持瑜伽练习，但有些情况令她开始坐不住了，她觉得自己对练习的要求太过严苛了，这与她规行矩步的处世之道有一定关系。例如，虽然她在学校里表现优异，却也时常因过度学习而胃疼；虽然她总是有出色的工作表现，却也时常感觉自己为工作所累、过度疲惫。

她知道，这与她受到的专制型家庭教育有关，而且她至今都未能解开这个心结，这使得瑜伽练习变成了一件十分讨厌的事，而且这种情绪已经影响到了生活的方方面面。她向我解释了自己想要的那些改变："希望我的瑜伽练习可以轻松一些。我想打破常规，我希望自己不会因打破常规而感到不安或者不适。"

"哪些常规？"我问道。

"几乎所有！"她大声说道，"我甚至想彻底推翻以前的生活。"

我们静坐无语。

过了一会儿，我开口道："那你要打破的……还挺多。"

"也许是太多了，"她承认道，"而且也不太可能。也许……我可以每天打破一条？"

我笑了起来："听起来不错！具体说说！"

"家长们去学校接孩子有一条特定的规矩，你得跟在那条长长的家长队伍后面，等着轮到你。所有家长都必须这么做，而且不能插队，这似乎是一条不成文的规定。然而，有些家长不管三七二十一，直接走到队伍前面去接自己的孩子。"

"你想当那个'坏人'吗？"

"不想，以前可能也想过吧，但我不想这样。我不想为了打破要保持整洁的规矩，就把家里弄得一团糟。我还不想……我觉得有很多规矩都是我不想贸然打破的。我不知道该怎么办了？"

我倒是有了个想法："你是否可以增加一项辅助练习，内容是列出生活中的各种条条框框，然后看看哪些是你想打破的、哪些是你想保留的。慢慢地，也许你就能摸索出一些规律来。最起码，你对自己的真实想法能有所了解。"

"我喜欢这个方法！"玛丽安娜说道，"光是想想我将正视这个问题，我就已经觉得瑜伽练习好像没那么压抑了。事实上，我好像真的有点期待明天的瑜伽练习了！"

如果知道了练习的意义，那还算是练习吗？当然算！没有理由不通过练习成为一位大师！

如果你不再练习，并且终于知道自己所做之事意义何在，那么人们会如何称呼你？

——查克·布里奇斯

在自塑主义里，我们讲要创造意义，把握创造意义的时机。围绕你认为重要的人生目标，规划并坚持日常练习，就是一种定期创造意义的途径。日常练习是你每日投入人力资本的投资地，也是你每日为自己感到骄傲的荣耀地。日常练习的内容包罗万象，唯独诀窍在于日日坚持，在于与其他事务清晰地区分开。

深思细悟

1. 你认为是否有哪种练习会对你有益？如果有，它大致的内容是怎样的？

2. 在规划练习的过程中，你认为最大的挑战是什么？

3. 你会采取何种策略来应对那项挑战？

准备好了吗，接受挑战吧

///////////////

在这一部分中，将探讨日常练习过程中出现的一些常见挑战，其中有些甚至是一定会出现的。在这18种常见挑战中，有些就是由焦虑、注意力分散、躁动、缺乏进展和自己的负面声音所引发的。

看到这么多的挑战，你就不难理解坚持日常练习为何是一件难事了。不过，假如能确定你所遇到的具体问题，并努力设法解决，你还是有很大概率继续坚持下去的。毕竟，这18种挑战都是可以成功化解的！

事实上，日常练习的一部分力量，正是来自对这些挑战的解决。尤其当你解决了负面思想、注意力分散等问题时，你不仅帮助自己坚持了日常练习，同时提升了自己的人格，可谓一举两得！

心态

你的整体心态或者某种态度，可能会阻碍你努力制定或者坚持某项日常练习。假如你认为自己一没本事、二没机会，既没信念又没理想，那么让你去开始并坚持创作练习会有多难呢？假如你明明可以全身心投入到感兴趣的事中，只是对不感兴趣的或者有难度的事才敷衍应付，但你依然坚信自己根本无法专注于某一件事，那么你专注于日常练习的可能性又有多大呢？你的心态正在干扰你。

现代助人行业的从业者们都深知，在很大程度上，一个人的思想决定了这个人是什么样的人。如果你反反复复地想同一件事，你就会夜不能寐，极度焦虑；如果你总是有这样、那样的奇思怪想，你就有可能误入歧途；如果你坚持某种偏好，就会拒绝接受其他更明智的选择；如果你固执己见，就有可能一次又一次重蹈覆辙。在这些情况下，无论有没有证据支持，你的思想都已经有了定论，而且往往会被付诸实践。

即使你明白了这个道理，也很可能不会把日常练习遇到的问题归咎于你的心态，而是更可能找借口，"我似乎没有足够的时间""这个方法不对"或者"这似乎并不适合我"。这正是你的思想在作怪，它在阻止你抓出它这个"元凶"。思想就是如此狡猾，正因此，我们总是无法很好地实现理想、达成目标。

杰罗姆是位知名编剧，但他最近的一部电影却惨遭滑铁卢。经历了这场失败，他体内被封印多年的诸多恶习——酗酒、暴怒、鲁莽等——全都暴露出来了，他干了一件又一件出格的事，最终因在酒吧打架斗殴锒铛入狱，彻底跌落谷底。触底之后，他开启了缓慢的复苏之路，还一度尝试过重新提笔创作，但终究没能成功，于是便有了我们的会面。

我们谈到要让他坚持写作练习，他年轻的时候，也曾意气风发、踌躇满志，那时写作是他的第二天性，而如今写作几乎成了不可能的事。他清楚自己想写的剧本是什么，在业内也依然拥有很好的人脉，相较于普通的你我，他的剧本被卖出去并被翻拍成电影的概率要高得多。但他就是写不出来，下笔都困难，更别说天天写了。

几个月后，有一次，我说："也许不是方法策略的问题，可能是你的心态出了问题。"

"很有道理，就是心态问题。"过了一会儿，他又补充了一句，"那怎么做才能转变心态呢？"

"你不再把写剧本当成你人生中唯一重要的事。从某种意义上来说，你已经做到了这一点，只不过方式比较消极。现在，你必须积极地去做这件事，因为这是你新的人生愿景的一部分。在这个愿景中，还有许多其他重要的事情，当然这些都需要你去努力探寻，因为目前你觉得没什么是重要的。"

他沉默了一会儿："我明白那两者之间的区别。"

也许你对努力有一种根深蒂固的不自觉的偏见，谁知道这种偏见究竟是怎么来的呢？但是它对你还有用吗？它对你有用过吗？

是时候改变对自觉努力的偏见了，我们通过练习和自律所得到的力量，应该是鼓舞人心的，甚至是值得惊叹的。

——罗伯特·格林

于是，我接着讲他还需要做的事。比如，他需要倾听内心的声音，还要把自己林林总总的想法都写下来，然后判断哪些是有用的、哪些是没用的。他还必须对那些无用的声音一一驳斥，然后用更积极的想法取而代之。无论这个过程多么枯燥痛苦，无论是否会觉得自己所做的毫无意义，他都必须花大量时间来做这件事。我大致给他拟定了一个简单的认知改善计划。

"要记的可真多啊！"他笑着说道，"其实不然，我明白了。"他陷入了沉默，"也许这才是我的练习内容，而不是写作。我的意思是，虽然我每天必须坚持写作，但我首先要做的可能是端正自己的心态，而唯一的办法就是认真解决自己的思想问题。"

我本来还想着，是否应该建议杰罗姆两项练习都进行，既进行思想练习，也进行写作练习，没想到他却主动提出来了。

"两项练习同时进行会不会太难？"他问道。

"我也正想着呢，"我说道，"你觉得呢？"

"我认为两者可以相辅相成，我觉得应该能行。如果等调整好心态再开始写作练习，那我就要度过许多个不能写作的痛苦日子。我想试着两项练习同时进行，我知道成功的概率也许很低，但还是试试吧！"

"你得分个主次，"我提醒道，"哪个是首要练习呢？思想还是写作？"

"思想，"他立即答道，"我知道它为何必须放在首位。如果我写不出东西了，那就只是没法再写作了。可如果我无法端正自己的心态，那我就什么也改变不了。"

佛教讲要"掌控心念"，其内涵绝不只是回避自己心中负面的声音，而是用积极的思想给予自己强有力的支撑。这个目标虽远大，但并非遥不可及。

◈ 深思细悟

1. 你时常会遇到心态问题吗？

2. 在你的日常练习过程中，是否会受到心态问题的困扰？

3. 你会尝试通过哪些方法来应对这个挑战？

4. 如果无法完美应对这个挑战，你会如何继续自己的日常练习？

思绪混乱

　　我们希望自己的思想是一片美好、安宁的净土，可以胜任我们交给它的一切任务，但在很多情况下，它却是个喧嚣嘈杂之地，充斥着碰撞、敲击和喊叫，仿若一个建筑工地。想象一下，在建筑工地上进行正念练习或者乐器练习会是怎样的场景！你根本听不见自己的声音。

　　这听起来有些极端，可多数人的思想就是这副模样，所以想清楚一个问题才会如此之难，所以解决一个需要深入思考的难题才会如此之难，所以将一个创作项目的所有元素都集中在一起才会如此之难。思想中的这些嘈杂之音完全是压倒性的，往往只有当我们沉迷于某些休闲活动（比如玩重复性的游戏或者看电视节目）时，这些噪音才会停止，我们的心才会安静下来，但这种特殊的安静对我们没有任何用处，它只是一种无意识的安静。

　　过去十几年，海伦一直想写本回忆录。她心里明白，这些年自己不但没有真正动笔创作，反而一直在回避。在我的帮助下，她开始进行写作练习，这给了她很大的帮助。有时，她甚至能一连三四天都坚持创作，相较于过去动辄数月不动笔，这已经算是个奇迹了。

　　尽管她的写作练习一直做得不错，但总体状况依然岌岌可危。那感觉就像她在用指甲死死抠着悬崖边，她觉得自己的写作练习随时可能"一命呜呼"，而她也将重新跌回那个曾在其间挣扎数年的深渊：被生活压制，长期不写作，对自己感到失望。

她知道自己的主要问题是心房太过嘈杂，思想混乱一片。她感觉自己仿佛被沙尘暴所吞噬。

于是，我们商讨了一些对策，"三步认知法"似乎是个不错的选择：倾听内心的想法，驳斥那些没用的，再用有用的取而代之。但她觉得这个方法太平淡、太机械了，她想尝试一些不一样的。

"你会怎么做呢？"我问道。

"我需要深呼吸，还要有念口诀的仪式感。我想认真地试一试，可能会借用几句你的口诀，再自己想几句。"

"那就试试吧！"

在《十秒禅语》中，我提到了12句口诀，她决定尝试"我要停止一切声音"和"我感觉受到了鼓舞"。然后，我们一起考虑她可以自创的两句。一开始想的那些都不足以令她信服，后来她想到了"我的人生很重要"，这一句话对她的触动非常大。

"需要再想第二句吗？"我问道，"还是这一句就足够了？"

"需要的，"她陷入了沉思，"我觉得还需要一句直接促进我写作的，"过了一会儿，她说道，"要带'写作'的，比如'我每天都要写作'。不行，还差点儿意思。也许'写作是我的使命'，这个不错，就这个啦！"

"这四句口诀你打算怎么使用呢？逐一念出来？还是用其他什么方法？"

"逐句念感觉不行，我觉得每句都应该有特定的使用场合和作用，具体的可能还需要我在实践中摸索。"于是，我们约好两周后再面谈。在接下来的那段时间里，我没有收到海伦的任何消息，我觉得这没什么，没消息就是好消息，说明进展还不错，没有发生什么问题。

见面之后，海伦把好消息告诉了我。

你可以逃离那些喧嚣嘈杂吗？停下来创造几分寂静不是更好吗？
我们许多人一生都在奋力奔跑，去练习让自己停下来吧！

——一行禅师

"我坚持下来啦！我用那4句口诀自创了一套流程。首先，用'我要停止一切声音'作为进入写作状态的信号。说出这句口诀之后，做几次深呼吸，让自己做好准备。然后，说出那句'我感觉受到了鼓舞'，这句口诀真的会令我感觉很好。即使创作过程很痛苦，但说完这句口诀之后，我觉得创作变得更流畅了。

"于是，我就这样专心写作。其实，'我的人生很重要'和'写作是我的使命'这两句口诀，我没有真的说出来，只是去感受它们。也可能我说出来了，但由于自己在专心写作，所以可能并没有意识到。这两句口诀就像是背景音——类似于哼唱，也可能是赞美诗。无论怎样，一切都进展得很顺利！"

对许多人来说，用日常练习来消除内心的喧嚣是十分有必要的。因为思想噪音是一个长期性的问题，只有日积月累的努力才能真正解决它。你可以每天一起床，先花几分钟想象一下内心平静的画面，或者用有仪式感的方式，将那些你不想听的、反复冒头的想法都赶走。你也可以多花一些时间，专心记日记，记下那些对你有用的想法，再详细描述你将如何使自己的行动与那些积极的想法保持一致。

请记住：噪音对日常练习是不友好的。如果噪音来自窗外的电钻声，请戴上降噪耳机或者找一间咖啡馆待着。如果是你的思想在制造噪音，那么挑战就更严峻了，但是通过日常练习，专注于保持内心的平静和校正认知，我们完全可以战胜这个挑战。

▶ 深思细悟 ---

1. 你时常会遇到思绪混乱的问题吗？

2. 在你的日常练习过程中，是否会受到思绪混乱的困扰？

3. 你会尝试通过哪些方法来应对这个挑战？

4. 如果无法完美应对这个挑战，你会如何继续自己的日常练习？

不安

不安的情绪正在四处蔓延，造成这种情况的原因有很多。

其一，在整个文化范围内掀起了一场运动，图片、文字、观点和其他感官信息的传播速度越来越快，甚至实现了即时传送。电影场景切换越来越快，广告弹幕不断刷屏，手机信息不断更新，新闻头条不断滚动。所有这些活跃的动向都营造出一种深深的不安，这种不安自然也会影响到我们的日常练习。

其二，大众普遍接受了将儿童与成人的烦躁与不安定义为精神障碍的医学模式。儿童得到了"多动症"这种伪医学诊断，而成人同样得到了"成人多动症"或者"成人注意力缺失症"的伪医学诊断，这种模式将人体可以忍受甚至可以忽略的日常情绪解读成了一种病症。假如你告诉自己"我有成人多动症，这对我来说肯定很难"，那么坚持日常练习自然就会难得多。

其三，人们日渐增长的焦虑。焦虑一直是人类的多种精神状态之一，以后也将一直如此，因为它是人体预警系统的一部分。当我们感觉受到威胁时就会变得焦虑，而焦虑引发的后果就包括躁动和不安，比如想到在医院等候室来回踱步的忧心忡忡的父母。今天，我们所珍爱的那些制度正在受到威胁，世界的现状不容乐观，我们有更多理由感到焦虑，自然也就更加躁动和不安。这种躁动和不安势必会令坚持日常练习难上加难。

其四，厌倦与不安息息相关。假如有一天日常练习的内容不再吸引我们了，比如我们不再喜欢弹钢琴、写纪实小说，或者解决在线业务中那些枯燥的难题，我们自然就会觉得烦躁，想要离开。假如你失去了兴趣，完全在敷衍了事，你又能坚持多久呢？

正是由于以上及其他一些原因，我们更应准备好在日常练习中迎接不安的挑战。你可以在呼吸时暗示自己"我现在很平静"，5秒深深吸气，再5秒慢慢吐出，用呼吸与意念消除不安；你也可以想象自己的脑海中有一个平静开关，你一按下它就会平静下来；你还可以自创一些其他的方法，帮助自己消除或者减少不安的感觉。

在日常练习中感到不安？难以集中注意力？好吧，那的确不太理想。

但是，迎难而上、履行承诺总归好过一味逃避吧！

无论感受如何，都要尽力以平和的心态对待日常练习，哪怕你没有完全做到，至少你在努力。

——宗萨蒋扬钦哲仁波切[1]

我们来看看乔的例子。乔被诊断患有成人注意力缺失症，他非常把这当回事，因为他觉得人生的所有问题都能解释得通了。其实，他只是很难对不感兴趣的或者困难的事保持专注，而对于自己喜欢的那

---

[1] 译者注：宗萨蒋扬钦哲仁波切，出生于1961年7月6日，是不丹的藏传佛教萨迦派的喇嘛，第三世钦哲传承的主要持有人。

些事，比如电子游戏，他是可以完全投入的，只是他好像没觉得有什么不对劲儿。实际上，这一点对他意义重大。而他的解释是："做喜欢的事有益于我的病情恢复。"

作为创作型歌手，乔必须要练吉他、创作歌曲、练习翻唱和演唱自己的歌曲，还要举办公演。他抱怨称"这一切都会诱发我的注意力缺失症"。于是，我们试着让他进行表演练习，而表演练习的内容可以不断更换，因为有时他会觉得练吉他最难，有时又是作曲，还有时是别的什么练习，所以他的表演练习总是围绕着一个不断变换的目标。

每次我们交谈时，乔似乎都很焦虑，所以我就想到，让乔试试某种焦虑管理方法或许会有不错的效果。然而，他对焦虑问题总是闪烁其词。

他表示："我宁愿试试其他方法。"

"好吧，"我又给了他一些建议，"你觉得哪种可行？"

"我想试试口诀仪式什么的，"他回答道，"具体怎么做呢？"

我向他解释了口诀仪式的原理：用几个词，在瞬间就能把控住一个人的基本生活取向，激励他，并使他迅速平静下来。我告诉他，我的口诀是"但行好事"，还与他分享了其他客户自创的或者比较喜欢的一些口诀，包括"即刻行动"和"这是我的职责"。

他想了想，然后微微一笑。

"我想试试这个，"他说道，"'爱玩、爱闹、爱冒险的表演者'，要APP[①]不要ADD！"

---

① 译者注：此处APP是爱玩、爱闹、爱冒险的表演者（adventurous playful performer）英文单词的首字母。

"不错！具体怎么做呢？"

"没想好，也许……我可以把这句话写出来，贴在吉他上！"

几周后，我们再次聊天时，乔的情况并没有什么好转。他只练习了几次，而且即使开始了，也坚持不了多长时间。

"我感到极度不安，根本没法儿练习，"他说道，"我得去拿点治疗注意力缺失的新药了。换药可能管用。如今，我的病势太凶猛了。"

"你打算在换药之前一直暂停练习吗？"

"是的，我别无选择。"

"什么时候演出？"

"本来是3周后的，不过我给取消了。"

"你取消了？"

"卖出去的票不多，我又没时间去做营销推广，所以就干脆推迟了几个月。那样的话，我的时间就充裕了……而且到那时，新药就会起作用了。"

最终，乔还是觉得自己没有做好开始日常练习的准备。"我还有其他事要做，比如安排好自己的生活。"我问他是否需要借助日常练习来更好地安排生活，他拒绝了，然后又解释说至少目前不需要："我的病使我无法保持专注，让我每天坚持做一件事是根本行不通的。"很快，乔就停掉了辅导课，他对我表示感谢，还带着告别的口吻对我说："等我的新药一起作用，我就会回来的！"

无法坚持练习？也许你需要的是更多的练习！

练习需要练习。

——莎朗·罗

🔖 深思细悟

1. 你时常会遇到不安的问题吗？

2. 在你的日常练习过程中，是否会受到不安情绪的困扰？

3. 你会尝试通过哪些方法来应对这个挑战？

4. 如果无法完美应对这个挑战，你会如何继续自己的日常练习？

时间与空间

　　日常练习既需要时间也需要空间。如果你找不到时间或者腾不出时间，你就无法练习；如果你找不到地方或者腾不出地方，你也无法练习。许多人就面临着这些挑战，要么找不到时间，要么腾不出空间，要么兼而有之。假如你也有上述情况，你的日常练习将岌岌可危。

　　腾时间的方法之一就是少睡觉，这个方法算不上好，但也不失为一种选择。方法二是不把时间花在不必要的事上，比如看电视、上网、玩游戏及其他娱乐活动。方法三就是给生活去繁从简，想喝汤就买罐头汤品，而不要在家现煲，地板落点灰也没什么，不用拖得锃光瓦亮。腾时间的方法还有很多，比如不去做不想做的事，彻底改变你的环境，能交给他人代办的事就让别人去办，等等。

　　然而，如果你真的把没时间当作不进行日常练习的借口，即使用了这些方法也未必奏效。如果你觉得建立在线业务太难，如果你已经悄悄地放弃了你的小说，如果你太害怕上台以致你没有开始创作你声称自己已经在创作的剧本，那么你还是会找不到或者腾不出时间。空间问题也是这个道理。如果实际上你是在回避日常练习的话，那么你永远也无法清空那间堆满废品的房间。

也许你有足够的时间和空间去练习，却还是止步不前，这才是你真正需要解决的问题！

我弹钢琴，却买了立式电子琴，这样我就可以戴上耳机练琴，不会吵到邻居了！

——伊娃·格林①

有时，生活中的突发状况会挤占你的时间和空间。可能你的另一个人生目标突然需要你把所有时间都投注在上面；可能你的工作突然需要你每天加班加点；可能妹妹家突遭大火，你需要把他们一家都安顿到你家来。生活不是单线的、静态的，人生无常，世事难料。安吉拉就遭遇了这样的困境。病魔夺走了她的一个女儿，为了纪念爱女，她发誓要设立一个非营利组织，帮助那些要照料患重病的成年子女的父母们。她已经想好了这个组织要提供哪些服务，她的身后也有朋友、家人和许多社会人士的支持，似乎是万事俱备了，可她迟迟无法迈出第一步。

在一次谈话中，我突然灵光一现："你都是在哪儿做筹备工作呢？"

"在厨房的餐桌上。那里是我们家的生活中心，我喜欢待在那儿。"

"经常有人来回走动？"

"当然啦，周末的时候整天都这样。工作日的早晨和下午也如此，那真是个热闹的地方！"

"一个充满烟火气的情趣之地，"我说道，"但也是谋划、设立非营利组织的最佳场所吗？"

---

① 译者注：伊娃·格林，1980年7月6日出生于法国巴黎，法国女演员。

"我喜欢待在那儿，"她说道，"我必须待在那儿。"

我们沉默了许久。

"我无法想象自己还能在哪个房间待那么久，太压抑了。"

"还有房间吗？"

她摇摇头："没有。"

"一间也没有？"

过了一会儿，她才慢慢说道："只有丽莎的那间。"泪水开始从她的脸颊滑落。"那间房……"她几乎无法继续说下去，"还保留着她离开时的样子。"

我们陷入了沉默。

"那里倒不是什么圣地，"她说道，"只是……我没法儿走进去，看着她留下的那些痕迹。"

我点点头："那是自然。"

"你想让我用那间房吗？"

"不是我想怎样，我只是有一个疑问。我怀疑当你坐在乱哄哄的厨房时，你是很难完成需要完成的那些工作的。所以……我确实在考虑让你使用丽莎的房间。"

"不行，"安吉拉说道，"不可能的。"

两周后，我们又聊了起来，她告诉我："过去这一周，我一直在忙着筹备非营利组织的事。"

"你在哪里筹备？"

"厨房安静，就在厨房。"她说道。

"有时……是在丽莎的房间，我……把房间重新布置了一下。"

我们一时都说不出话来。

"待在里面实在太难受了，"安吉拉继续说道，"可同时，我也没有其他真正想去的地方。所以，那里也许是最适合'丽莎小屋'的地方了吧！"

"'丽莎小屋'是这个非营利组织的名字吗？"

"是的。"

时间是有限的，空间亦然。如何在有限的时间、空间内辗转腾挪，就看你的本事了。你无法增加一天的总时长，但你可以更好地安排自己的时间；你无法增加你狭小的公寓的面积，但你可以为了日常练习和人生目标，合理利用有效空间。面对时间与空间的需求，你也许无法找到完美的答案，但只要尽力而为，总会有更好的办法的。

▶ 深思细悟 --

1. 你时常会遇到时间问题或者空间问题吗？

2. 在你的日常练习过程中，是否会受到时间问题或者空间问题的困扰？

3. 你会尝试通过哪些方法来应对这个挑战？

4. 如果无法完美应对这个挑战，你会如何继续自己的日常练习？

自我暗示

人总爱在内心进行自我批评，我常为此惊叹不已。他们自我推翻、自我纠结，明知有些事必须要做，却又极力劝阻自己不要去做，自责程度之深，令人咋舌。我们好像天生自带的一条重要行动指令是："我必须相信刚才的那个想法，因为我刚才这么想了。"我们可能要花很长时间才能明白，不是所有出现在我们脑海中的想法都必须要去相信。

假设你感觉有点累，于是你听见自己说："我累了。"这看上去是在说明事实，但其实只是你的本能反应，你可以反驳："啊，没错，我是觉得累，但现在是我的练习时间，即使觉得累，我还是可以坚持练习，或者进行精简版的练习。"这些可能有点太拖沓了，所以我们需要训练自己，进行更迅速、更有力的反驳。在这种情况下，我们就可以说："累了？呵呵！快去练习！"或者说："练习可以使我精力充沛！"

你要负责对自己的想法做出回应。也许你无法阻止某些想法冒头，比如过于拘谨的你，常会忍不住地想："那个角落又落灰了。"但是，你可以学着用不同的方法来对待这些思想。你可以这样回应："哦，糟糕，又来了，我又在该去练习的时候，担心落灰的事了。难道还要让那些灰尘再次耽误我的练习吗？"或者更简短有力些："落灰？

呵呵，去练习咯！"

假如你对这些干扰你的想法听之任之，它们就会使你提前结束练习，甚至根本无法开始练习。当然，我们谈到的这个挑战，并不像听见一个明显可以反驳的想法，然后立即驳斥那么简单。它涉及需要审视我们整体的思维方式，以及那些想法与我们的信仰体系、身份、人格之间的联系。这就是个很宏观的问题了，对多数人来说，太宏观了。

拉里正处于戒酒康复期，作为戒酒互助会的计划之一，还包含一项纠正练习。但他坚持不下来，还总是为这事发火。他自己的说法是：在阿富汗在海军陆战队服役时，他患上了"创伤后应激障碍"，如今病情已"完全失控"。我很想了解他的整个思维体系，即他默认自己存在所谓的"创伤后应激障碍"，于是就开始和他探讨这个问题。

"你所有的思想都带着一个标签，即你患有'创伤后应激障碍'，"我说道，"先暂时忘掉它，来想想这个。有一名士兵去了阿富汗，杀了很多人，也看到自己的很多兄弟被杀，但他无动于衷，而我们却想说这种情况是'正常的'。另一名士兵也去了阿富汗，同样的一番经历给他留下了痛苦的回忆，他感到深深的内疚，而我们却想说他患有'精神障碍'。这就是心理健康系统想让我们看到的，你想这么看待问题吗？"

"我不内疚，"拉里生气地答道，"我太生气了，你竟然认为我应该感到内疚。"

对正在做的事不感兴趣？快改变指令。那样的话，日常练习不就愉快多了吗？

通过自我暗示，我们可以给大脑下达指令，告诉它我们希望自己做什么，然后身体做出相应的行为。改变指令，就能改变结果。

——萨姆·欧文

这就是助人行业从业者们必须面对的艰难时刻。跟我坐在一起的这个人，因为我批评了他而对我怒目圆睁，相比之下，贴个标签再开点药就简单多了。无论是在生活中还是在辅导课上，人都不好相处。我怀疑这可能是我与拉里的最后一次谈话。

"这么说，你坚信自己患有'创伤后应激障碍'？"

"是的。"

"你有精神障碍？"

"有。"

"去阿富汗之前没出现过任何这类问题吗？"

我知道他肯定想说："当然没有！"但他说得出口吗？除非撒谎，否则他根本说不出口。

于是，他想了好一会儿，最后才不情不愿地承认："我一直都有这些问题。"

"这么说，你一直都有'创伤后应激障碍'？"

"可能吧！"

我等着他继续。

"那如果不是这病的话，究竟是怎么回事啊？"他彻底爆发了。

"也许长期以来，你一直处于愤怒不安的状态，也许至今依然如此。也许正是这两种情绪在干扰你的纠正练习，并直接影响到你的康复。"

后来，我与拉里又见了一两次。他太过于依赖"创伤后应激障碍"这个标签,太过于依赖用这种世界观来否认将伴随他一生的愤怒和痛苦,所以他不想再接受我的辅导,这完全在我的意料之中。他已经形成了"思维定式",心理健康系统已经给他打上了一个标签,而这个标签恰好契合了他保护自己、回避真相的需求。作为一种自我防御手段,他的这些想法的确可以为他所用。它们的确如他所愿,为他筑起了一面高墙。但是,这些想法能够为他的日常练习所用,为他的基本生活所用吗?当然不能。

所有的自我暗示都不是无中生有的,一定是有原因的,为了能使积极的想法为自己所用,为了能过上梦想中的生活,为了能坚持日常练习(无论日常练习的内容是什么),你必须勇敢地面对那些真相。如果思想只是思想,我们可以轻易地将其扳倒再摒弃,那就好了。然而,思想反映着我们的身份、人格、过往经历,以及我们看待事物的方式。为了能够成功地面对真相和转变思想,我们可能需要专门制定一项人格提升练习。

▶ **深思细悟** --

1. 你时常会遇到自我暗示的问题吗?

2. 在你的日常练习过程中,是否会受到自我暗示的困扰?

3. 你会尝试通过哪些方法来应对这个挑战?

4. 如果无法完美应对这个挑战,你会如何继续自己的日常练习?

身体感觉

人人都有一副身躯，但这身躯却不是时时都好用。写作时，我们可能会咬紧牙关，挠头搔耳，结果就是下巴酸痛，头皮出血。有时跳舞会脚痛，有时雕刻会手疼。要是有一具不用我们操心的身体，那该多好啊！可惜，那是不可能的。

我们的身体宣称我们热情高涨，我们的身体宣称我们焦虑不安，我们的身体宣称我们疲惫不堪，我们的身体宣称我们受到了伤害，我们的身体宣称我们饥肠辘辘，我们的身体宣称我们斗志昂扬，我们的身体时刻都在给我们反馈着各种感受……练习时也不例外。不会因为是单独的练习时间，我们对身体的感觉就能产生免疫。

事实证明，这的确是一大挑战。当背部疼痛难忍时，继续写作会有多困难？当臀部疼得厉害时，你还怎么继续坚持跳舞？而那些因为练习产生的身体反应，那些因为换了不知道能不能奏效的绘画方式而感到的不安，那些因为太过专注于解决物理难题而突然爆发的头疼，又该如何应对呢？我们的身体才是日常练习需要面对的真正挑战。

我们来看看格洛丽亚的例子。格洛丽亚的主业是诗歌创作，但她决定在此之外，再进行一项能动性练习。她不想给自己的诗作添加任何"活动家的需求"，她不想让自己的诗作背负某种社会责任。但与此同时，她觉得自己有义务站出来反对近几年兴起的一股可怕风潮——为治疗所谓的"少儿多动症"，趁"患儿"熟睡时对其进行"轻度"电击。

她无法忍受这种虐待行为。实际上，她已经开始行动了，她每天都抽出一两个小时的时间，在博客上发表自己的观点，或者为自己新开的播客网站录制一些专家访谈。但自始至终，她一直顶着巨大的不适，头疼的问题一直困扰着她。她的内心既忍受不了残暴的虐待行为，也承受不住她为了积极活动所做出的一切努力。这一切都令她感到不安，她的身体也开始反抗。

那种令你不安的感觉会持续多久？稍做逗留还是转瞬即逝？

感觉就像为了新闻而新闻，都是"短命鬼"。

——乔斯坦·贾德[①]

"你认为这是怎么回事？"我问道。

"可能很简单，我就是怕了，做这些事令我感到害怕，一定是这样。"她说道。

"找到令你害怕的原因会不会好一点？"

"恐怕没用，很显然，我就是害怕被攻击。我也应该感到害怕，不是吗？因为带头者总是会受到无情的攻击，对吗？"

"是的。"

---

① 译者注：乔斯坦·贾德，一位挪威世界级的作家，其作品多探讨人生的基本命题，探究人在宇宙中的位置这一核心问题。他提出的问题是世界性的，其作品引起了不同宗教、不同文化、不同种族读者的共同兴趣。

"我讨厌冲突，一直如此。所以我的身体在反抗，正如我所期望的一样，我可能不得不带着这些感受继续活下去。"

"那恐怕太难了，"我说道，"假如某项练习令一个人倍感痛苦，那他还能每天坚持下去吗？简直难以想象。"

"嗯，既然决定了，就得义无反顾地走下去。我觉得其实我没得选，既然憎恨现实，就得继续反抗下去，即使伤痕累累，我也绝不停步。"

我们坐在那儿，沉默良久。

过了一会儿，我说道："这个问题，可能很适合用睡眠思考法来解决。"我简单地解释了一下睡眠思考法的基本观点：大脑在夜间可以出色地完成一些思考任务，因此你可以在入睡之后，让大脑帮你解决某些问题。这似乎引起了她的兴趣。

"我要怎么做？"

"很简单，给大脑一个睡眠思考的提示——睡前，向自己提一个问题——在睡梦中，让你的大脑去解决它。第二天一醒来，就去整理大脑中的想法。"

"要提什么问题呢？"

"也许是，"我说道，"'怎样才能有所改变？'"

过了一会儿，她点点头："我会试试这个的。还要做什么？要反复提问数次吗？问完之后呢？"

"睡觉啊！"我笑着说道，"第二天一早，再向自己提问一次，如果有什么想法了，就把它写下来，就这么简单。不过，最好多试几个晚上，因为不一定提问一次就能得到答案。"

几周后，我们又聊了起来。

"睡眠思考法有效果吗？"

"有，我得到答案了。"

"答案是？"

"火鸡。"

"什么？"

她笑了起来："我以前参加过诗会表演。一上台我就焦虑得不行，所以我专门研究了一些克服表演焦虑的小技巧，来解决我的怯场问题。其中有一个引起了我的兴趣——表演者在上台前吃的食物。许多人竟然都选择了火鸡三明治！显然，火鸡是有一些舒缓作用的。可谁知道呢，也许都是心理作用吧！但我还是试了一下，在表演时果然轻松多了。所以我就想着，为什么不在做能动性练习时试试呢？但我不想一大早就吃下一个火鸡三明治，所以我就做了一盘火鸡饼干。奇怪的是，竟然真的起作用了。也许这只是迷惑大脑的小把戏，也许是火鸡真的有什么功效，总之，最后的答案竟然是火鸡。"

什么方法会对你有效呢？如果身体畏缩不前或者激烈反抗，你就会试图放弃日常练习。在放弃前，试着去找到解决方案。也许你需要的是思维方式的转变、生活方式的转变、饮食习惯的改变，或者去求助于医生。你的身体会向你提出要求，包括要求你倾听它的诉求。为了日常练习，请尽可能地仔细倾听、认真回应。

深思细悟

1. 你时常会遇到身体感觉的问题吗？

2. 在你的日常练习过程中，是否会受到身体感觉的影响？

3. 你会尝试通过哪些方法来应对这个挑战？

4. 如果无法完美应对这个挑战，你会如何继续自己的日常练习？

困难

如果在日常练习中总会碰到难关，我们就很可能选择放弃。假如你正在学习双簧管，结果发现有关双簧管的一切都很难，你就会觉得这是个极难上手的乐器，所以过不了多久你就会想放弃了。同样，钻研科学难题，创办环节甚多的讲习班，努力解决健康问题，在这些相关的练习过程中，你也会知难而退。

其实，生活本就不易，而挑战自我就更难了，比如挑战掌握一种乐器、自主创业、创作励志类书籍，或者实现人生目标。可放弃上述一切目标，继而放弃所有相关练习，却似乎总是那么简单。当你说出"这太难了"，也不辩驳，只听之任之，使其逐渐得势时，你就站在了放弃日常练习的边缘。

我们虽不至于去妄想练习会变得简单，但是难道不应该期盼它至少没那么难吗？那不正是反复练习和精进的意义所在吗？不，如果我们选择的练习是困难的，那么它就将永远是困难的。

认为音乐练习对我已是轻而易举之事，这种想法是错误的。

——沃尔夫冈·阿玛多伊斯·莫扎特

通常来说，你也许只能胜任某些艰巨的任务，但其他的就不行。例如，也许你练就了活灵活现绘制抽象画的本领，可你给自己的新挑战是，用超现实主义的风格作画，这对你来说完全是另一个难度级别了；也许你已是能掌控课堂的老教师，可今年你要教新的年级了；也许你已是经验丰富的治疗师，可如今你要开始接触法庭授权的客户了。这类改变会给我们带来压力与考验。

又或者，你给自己设定的挑战，与你之前涉足的领域完全不同，以致你与自己的练习都陷入了困境。也许这挑战所需要的技艺或者才能，是你根本没有的。哈利的情况就是这样，他是建筑工地上的工头。他给自己下的任务（或者说是别人给他的任务）是，为女儿即将到来的婚礼写一份婚礼致辞。为此，他每天都花上一个小时写写删删，之后就彻底放弃了。整整一周，他都没再动笔。

现在，距离婚礼只剩下3周了，他不想等到最后关头草草应付了事。因为那样完全体现不出他对那一刻的重视，甚至尊重。他清楚地知道自己的婚礼致辞写得并不如意，他只是不明白，为何如此"简单"的任务，做起来却这么难呢？

"当工头，只是你的谋生手段吗？"我问道。

"是的。"

"有没有上升到人生目标的层面？"

他耸了耸肩："那就是我必须要干的事，它能给我带来收入，而且能一直不停地这么干着，我也觉得挺骄傲。但要说这是我的人生目标，我觉得还谈不上，还差得远着呢。"

日常练习中遇到的那些困难最终不都会消失吗？这就像在问，凛冬的雪最终不都会消融吗？也许那些困难会消失，但在那之前，我们必须不断铲雪开路、努力前行。

无论有多少雪落在我们身上，都必须不停地铲雪开路，那是保持道路通畅的唯一办法。

——格雷格·金凯

"那这个婚礼致辞呢？"

"这个就意义重大啦！"

我点点头："因为重要，所以想做好才不那么容易，对吗？你能认真对待自然很好，但是这也会带来额外的压力。"

"没错！"

"而且，你还不擅长写演讲稿。"

"确实。"

"你可能也没有这方面的技能。"

"那是确定无疑的。"

"那我们来想象一下，假设这婚礼致辞就是你的人生目标，你要认真对待。如果你把这件事不看作是'为女儿的婚礼写一篇婚礼致辞'，而是'我选择的一个人生目标'，你会有什么不同的做法吗？"

他考虑了一下，感叹地说："嗯，我不会扔下它一个星期都不管！"

我点点头。

过了一会儿，他说道："这是两码事，我会完全从不同的心态出发。对待工作，我会表现得很强硬，我必须如此，否则别人就会骑到我头上来。而写婚礼致辞，需要一颗柔软的心，不要批评、不要评判。我有点儿想聊聊她的那些'年少轻狂'，调侃一下她的'前男友'，再说说她的那些糗事。这么做并不是想活跃气氛或者取悦来宾，我是真的想认真回顾一下她的青葱岁月。"

他停顿了一下。"我会好好准备，"他继续说道，"不仅仅是每天一小时，当然更不会再错过哪怕一天的练习，我还会专门请假来做这件事。"

我们仔细想了想这个结论。

"然后呢？"我问道。

"这就是我要做的，"哈利说，"我不确定自己是否曾因为这样的理由请过假，但现在我需要这么做。"

当发现日常练习很难时（这种情况时有发生），你会怎么办？你会想要回避，甚至放弃。这种诱惑，我们并不陌生。但如果我们的目的是充分实现人生目标和做最正确的事，那么我们就会正视这种诱惑，并宣布："即使不愿意，我也不会放弃日常练习。"

📑 **深思细悟** --

1. 你时常会遇到特别的困难吗？

2. 在你的日常练习过程中，是否会遇到特别的困难？

3. 你会尝试通过哪些方法来应对这个挑战？

4. 如果无法完美应对这个挑战，你会如何继续自己的日常练习？

焦虑与分心

让我们感到焦虑的事情有很多，而我们应对焦虑的首要方法就是逃避，身体上的逃避，或者沉迷于购物和追剧。这种逃避可以使我们在一定程度上得到安抚，但对于消除焦虑却没有任何实质性的帮助。购物狂欢一结束，我们又开始焦虑；电视剧一演完，那些忧虑就又回来了。逃避可使我们得到短暂的解脱，那正是我们逃避的原因，可那毕竟只是一时的。

有时，我们可能不想面对真相，即我们感到焦虑，所以就会找点事来分散注意力，好以此为借口逃避开脱。相较于坦率地承认："写这一章让我快焦虑死了！"我们更愿意将注意力转移到屋顶的雨声上，大喊着："这雨下得我都没法儿写啦！"或者神游天外，想着"不知道孩子们睡没睡？"或者"不知道烤箱关了没？"，然后便借机逃离书房，溜去孩子们的卧室或者厨房。

我们感到焦虑、想要逃避，再找借口使逃避行为合理化，这是很正常、很自然的反应。不过，这也会毁了我们的日常练习。若想坚持日常练习，就必须意识到，焦虑是会扩散蔓延的，你必须正视焦虑的事实，而不是想方设法逃避。你可能希望闪电不再使你害怕，也可能希望生活不再使你焦虑。

桑迪是一位物理学家，专门研究超光速粒子。超光速粒子是一种运动速度大于光速的假想粒子，在理论物理学领域占据着重要地位。虽然她的脑子里一直装着这些物理难题，但她的思想总被生活琐事拉扯着，从部门内斗到孤僻的正处于青春期的儿子。所以，虽然她成天都在与那些超光速粒子打交道，但她没法真正专注地投入研究。

因此，她进行一项专门研究物理问题的日常练习似乎势在必行。于是，她决定每天早上8点到10点，在家里进行超光速粒子研究，以便远离校园的干扰，看看自己能否在理论研究方面取得一些实质进展。结果，她发现自己根本没法待在书房里。那里安静、自在、舒适，只唯独她的心静不下来。

因为她总是想着"这行不通的"，所以她的心完全乱套了。她明白这句不祥之语暗含了几个令她痛苦的寓意：说明她不够聪明，无法胜任这种顶级的脑力工作；说明这项研究本身就是可疑的，它很可能只是被用来消磨理论物理学家的时间；说明她不具备顶尖物理学家必备的品质，如坚毅、果敢等。

"但最主要的还是那无处不在的焦虑感，"她说，"所有的一切都令我感到焦虑，比如新闻、社会、待在房间里的艾迪、上一次约会、下一次约会。仿佛每一个想法都能唤起我的焦虑感，即使是思考'我要用短叉还是长叉？'都会令我焦虑，吃个沙拉我都能焦虑起来！也许是因为世界的现状，也许是因为我无法忍受继续教书。我不知道，感觉一切都令我焦虑！"

你能更好地应对焦虑吗？当然！那是完全有可能的。

那些克服恐惧不断前进的人们并没有什么特殊的力量，也没有服用什么神奇的药丸，他们只是不断练习如何直面恐惧。

——戴夫·安德森

解决焦虑问题，有无数种办法。精神病学家很可能会直接走药物治疗这条路，而治疗师、导师、能量治疗师、针灸师或者其他助人行业从业者，则会推荐他们所信赖的专业方法，而我喜欢从一个简单的想象开始。我会请客户想象自己脑海中有一个开关，只要轻轻一按，整个人就能立刻平静下来。我把这个想象分享给了桑迪，她勉强答应尝试一下。几周后，我们又见面了。

她向我透露说："已经有好转了，我不知道是不是真的打开了那个平静开关，但我觉得仅仅是清楚地说出'我很焦虑'这句话，就有帮助了。过去，我虽然一直知道自己很焦虑，但不知为何从未真正承认过这一点，而现在我可以直面自己的焦虑了。不是说现在我就身处无忧无虑的伊甸园了，而是我已经可以正常对待焦虑了，也能保持专注了。"

焦虑是个大问题，请务必警惕焦虑的四处传播和可能造成的破坏性后果，也请准备好应对你的各种"小心思"：猫咪走过身边会令你分心，你还会突然想起自己要办一场盛大的感恩节聚会，对面巨大的关门声也会令你走神。假如不加制止，几乎任何事都可以成为你分心的借口。如果你想找一份焦虑管理方法清单，再从中挑选适合自己的那些，我建议你去看看我写的《驾驭创作焦虑》一书，书中详细介绍了20多种焦虑管理方法。请为应对焦虑和分心问题做好准备，当问题出现时，及时采取适当方法积极应对。

📚 深思细悟 --

1. 你时常会有焦虑和分心的问题吗？

2. 在你的日常练习过程中，是否会受到焦虑和分心的困扰？

3. 你会尝试通过哪些方法来应对这个挑战？

4. 如果无法完美应对这个挑战，你会如何继续自己的日常练习？

技能问题

你的日常练习可能会需要你做一些并不擅长的事情，甚至可能涉及你根本没接触过的领域。

也许你完全是一位钢琴新手，也许你正在创作自己的第一个剧本，也许你对创业抱有极大的热情，却对具体操作一无所知。所有这些都是再正常不过的事，却也会令人望而却步。如果你发现自己缺少日常练习所必备的技能，这可能会危及你的日常练习，甚至会导致日常练习的瘫痪。

我们知道作为一位新手有多难，我们了解那陡峭的学习曲线，也知道不可能用一个下午学会法语或者象棋。但是，了解这些困难不代表就要屈服于它们。当一个孩子无法在两分钟内掌握象棋规则时，他很可能会把桌上的棋盘掀翻，成年人的表现也好不到哪儿去。在我们的内心深处，似乎总有声音在说："这个怎么这么难！""我要学的还有这么多！""我讨厌这个！"于是，我们掀翻棋盘，棋子四散。

通常来说，我们欠缺的往往不止一种技能。我曾经在爱尔兰给木匠做帮工，不过没干多久，就一天。我完全不知道该如何拆装那些古老的玻璃，因为不想毁了那些绝版玻璃，我是千小心、万小心。我的老板兼好友，见到此状哈哈大笑，给了我一些爱尔兰镑，便打发我走人了。显然，我缺少的技术包括撬线、打胶和压线！

多数时候，即使技艺不够精湛，我们依然能完成工作，只不过结果总是差强人意。假如掌握了那条学习曲线，掌握了精湛的技艺，就能有较高的水平。例如，即使不练习、不提高，我们的绘画技术也足够我们闲来画上几笔，不过这可能是因为我们的作品风格都散漫抽象，并不需要真正的绘画功底。同时，我们也很清楚，假如每天坚持练习，逐步提升绘画技巧，我们的作品就会更有深意。

同样严峻复杂的情况是，我们不确定增加一个新技能，是真的有改进的需要，还是单纯想追求某个吸引我们的时髦酷炫的新事物。我辅导的一位客户莉兹就陷入了这样的困境。

莉兹是一位摄影新手，她想拍摄一系列暗影中的木偶的照片，为此她每天都在坚持创作练习。她知道自己想要什么样的成片效果，于是便开始用手机自带的相机去捕捉这样的画面。但很快，她就陷入了困境，也不知道究竟是幸还是不幸，她还有一台"斥巨资"购买的"更好的"相机，这台相机比手机自带的相机要先进得多，只是她不知道如何操作。

因为无法决定该用哪一台相机，她只得暂时中止创作练习。手机相机拍出来的画质没法与专门相机拍出来的相提并论。但是，伴随着她那台"奥林巴斯"的那条学习曲线，陡峭的令人望而却步，感觉就像要攀登奥林匹斯山一样。

于是，我们一起分析了利弊。我建议她换个角度看问题，手机相机拍出来的照片并非就不如专门相机拍的，只是风格不同罢了，她非常喜欢这个说法。"其实，我挺喜欢那些用手机相机拍的木偶照片，"她说，"我不该说它们不好的！"我想着，她能否用手机相机完成这一系列照片的拍摄，同时学习使用更先进的专门相机，她也觉得这个建议甚好。

才华总是显得如此神奇、如此美妙，那么，每日的勤奋与努力也同样美妙吗？是的！

如果人们知道我为了掌握这个本领，付出了多大的努力，那就一点儿也不美妙了。

——米开朗基罗

"所以我们在讨论要进行两项单独的练习？"我问道。

"两项？"

"练习一，用你的手机相机拍一个照片系列，看看有没有展出的可能？"

"对。"

"练习二，找人教你用那台'奥林巴斯'？也许可以找你刚提到的那个朋友？"

"啊，对啊！"

"你觉得，两项练习需要每天都进行吗？"

"用手机相机拍照那个一定是要的，"她说，"第二个，学习使用专门相机，取决于我朋友的日程安排。我觉得更有可能是每周一次或者间歇性的，这个不太好说。"

"但你一定会坚持的吧？"

她笑了笑："一定会的。"

"好，所以现在你的日常练习就没有任何技能问题了吧？你会用手机相机拍照吧？"

"会！"她又笑了起来，"太会了！"

"'奥林巴斯'怎么办？"

"那可真是件麻烦事，光想想就头大。不过，只要我能用心爱的手机相机拍出满意的照片，我觉得我就可以忍受学习使用那台——让我想个委婉的说法——那台令人惊叹的机器。"

在此例中，这种解决技能问题的方法恰好适用。不过，你可能就没这么幸运了，你可能要为了坚持日常练习，直面技能短缺的问题。在这种情况下，你可以先评估目前的水平，确定欠缺哪些技能，再制定一项日常练习进行弥补。

深思细悟

1. 你时常会遇到技能欠缺的问题吗？

2. 在你的日常练习过程中，是否会受到技能欠缺的困扰？

3. 你会尝试通过哪些方法来应对这个挑战？

4. 如果无法完美应对这个挑战，你会如何继续自己的日常练习？

境况

你的日常练习不是在与世隔绝的小岛上，与你其他的日常生活远隔重洋，它不偏不倚地处在你生活的中心，感受着你所感受的一切。你的身体开始恶化，这会影响它；你的工作环境使你不悦，这会影响它；你和搭档在吵架，这也会影响它。

如果愿意的话，我可以列出无数会对你的日常练习造成负面影响的事项，但不必看这份清单，你就能明白我的意思。你知道，在更恶劣的环境中，实现人生理想和坚持日常练习会变得难上加难，可人们偏偏还有一种怪癖，那就是忽略环境的变化，这不是很奇怪吗？

一个典型的场景：有一名出版商表示有兴趣出版你的小说，这令你燃起了希望。于是，你一边等消息，一边创作你的第二本小说。你心情大好，对两本小说都抱有很高的期望。然后，你就从出版商那里得到消息，他们不打算出版你的第一本小说了。你感觉很受伤、士气低落，第二本小说也写不下去了。

不具备完美练习的一切条件？没有合适的灯光、安静的环境、合适的工具？只管练习便是。

好剑手比好剑更重要。

——阿米特·卡兰特里

作家们十有八九不会将放弃第二本小说的原因归咎于那件令他们痛苦的事，相反，他们会"不知道"为何对第二本小说失去了兴趣。在这种情况下，多数作家都会有一种自我保护的需求，他们不愿承认被拒绝所造成的痛苦，也不愿承认遭到拒绝与突然中止写作练习之间的因果关系。

环境真的很重要，看看维克多的例子就知道了。

维克多的生活本来顺风顺水，他设计了一款专业应用软件，并取得了巨大的成功。然而，由于一些未知的原因，自己竟然被公司辞退了。他猜测，应该与他的性格、职场斗争和公司"转型"有关，但最后他也没弄明白。他想不通，自己使公司拥有了那么高的知名度，又创造了数百万美元的利润，为什么被辞退了？

他不知道该何去何从。他曾想拍一部故事片，但苦于缺少足够的专业知识、资源和资金。他也许可以另谋高就，继续干老本行，但他不确定自己是否真的还想开发应用程序。一直以来，他都有一个当音乐家的梦想——读书时他组过乐队，还挺受欢迎——只是现在年近不惑，这个想法还现实吗？他的家中还有妻子和两个孩子要靠他来养活。

我问维克多他打算怎么办。因为他不知道自己想创作什么，甚至不知道是否还想继续创作，所以他好像不太可能去进行创作练习。如果他还想开发应用程序的话，这项练习对他来说应该是最合适的。但如今，他的境况已经发生了翻天覆地的变化。

他决定从勇气练习开始。"我必须站起来，走出困境。我要像那些传说中的武士一样，既有高超的剑术，又能提笔作诗。我要进行勇气练习。"

我问他具体要怎么做，他说："还没想好，但我知道这是目前我最需要的。"

不到一周，他就用最直白的方式诠释了他的勇气练习：他开始每天上空手道课。他非常喜欢每天的私教课程，从不缺席，后来增加了小组课，进而增加了练习的时间。几个月后，他告诉我，他要回归老本行了。

"我想要开发一款应用程序，"他说道，"并且已经和日本的一家公司谈过了，他们很有合作意向。"

"能有不错的收入吗？"

"相当不错的收入，它一定能赚很多钱。"

"那……上次我们聊到做应用时，你用的那个词是什么？做应用，是一份有价值的事业吗？"

"我得适当向现实低头，就像一名真正的武士也得接受他所效忠的领主的缺点一样。在武士电影里，一般会有两个领主，一个好，一个坏。在那些电影中，武士都会做出明确的选择，要么与善为伍，要么与恶同行。当他选择了善良的那位领主时，他完全可以问心无愧、死而无憾。"

"但在现实生活中，更多时候是一位领主有60%的恶，另一位有30%的恶，武士还是得做出选择，即使选择更善良的那一个，他也得违背自己的一些原则。我想，我已经斩断了与浪漫主义之间的情愫，准备朝着我的那些人生目标奔赴而去，它们每一个都需要我付出努力。没错，这种工作是很有价值的，它能养活我的家庭，而我也能创作出许多优秀作品。同时，我还想关注一下我的其他人生目标。"

"成为黑带？"我笑了起来。

"以我的水平，红带就是极限了。不过，我觉得红带我都实现不了！"

如果你在日常练习中遇到困难，请问自己两个问题："我的境况变了吗？""那些变化影响了我的日常练习吗？"这也许就是你的突破口。

▶ 深思细悟 --

1. 你时常会遇到境况问题吗？

2. 在你的日常练习过程中，是否会受到境况问题的困扰？

3. 你会尝试通过哪些方法来应对这个挑战？

4. 如果无法完美应对这个挑战，你会如何继续自己的日常练习？

健康

即使身体不好，你也可以坚持日常练习。只是病痛会增加日常练习的难度，甚至使某些练习成为不可能。慢性疼痛就是游戏的破坏者；血液循环问题使你无法久坐，进而达不到规定的练习时长；关节炎可能会毁掉你制作微型雕塑的能力；等等。幸好我们拥有这副躯体，否则就只能把大脑搁在泡菜坛子上了。不过，我们的身体并不总是友善的，日常练习涉及实际操作，如果我们的身体拒绝合作，那就很难完成。

也许你聪明、懂变通，总能找到解决身体问题的方法，弥补能力和技能的损失。在双手受到关节炎的困扰之后，马蒂斯[1]选择了放弃绘画（这对他已是不可能的事了），转而创作大型剪纸作品。事实上，他的剪纸作品《蓝色裸女》，算得上是他最伟大的名作之一。他的毅力与适应能力是超凡的。但是，并非所有人都能实现这样成功的转变，职业钢琴演奏家或者小提琴家做得到吗？

身体问题自然会引发情绪问题，它们会令你沮丧，它们会令你无

---

① 译者注：马蒂斯指亨利·马蒂斯（1869—1954），法国著名画家、雕塑家、版画家，野兽派创始人和主要代表人物，代表作有《豪华、宁静、欢乐》《生活的欢乐》《开着的窗户》《戴帽的妇人》等。

限濒临死亡，它们能轻而易举地把你推上绝望之路，它们会让你觉得生活欺骗了你、生活是不公平的、生活是毫无希望的、生活是没有喘息机会的。在目前专注"贴标签"的医疗体系下，你最后很可能会得到一个"临床抑郁症"的"诊断结果"，然后就被医生们下猛药。这些药本身就可能使你的生活更难，因为它们会增加你自杀的念头，减少你的创作欲望，使你的感官变得迟钝。

这一切都会使生活成为一趟艰难之旅。劳拉已经开始接受一项令她身心俱疲的生育治疗。她一直在坚持创作练习，每天写诗，但是生育治疗对她的身心造成的伤害，已经开始破坏她的创作练习了。她发现自己从每周写6天下降到每周写4天，再到只是偶尔写一写，甚至那偶尔的创作练习也开始消失了。

为了应对治疗的副作用和日渐消失的创作练习，我们谈到了多种选择，劳拉很勇敢地把所有方法都尝试了，但都没什么效果。几周过去了，她还是一直没动笔。当我俩视频通话时，她告诉我她真的感觉很糟糕，身体上、心理上都是。但她紧接着又补充了一句，她说不想放弃，也不允许自己放弃。

"我可能需要一些更……"她说道。

我等待着。

"一些更笼统的方法，"她停顿了好一会儿，才说道，"怎么说呢，就是可以帮我解决所有困难。呃……我究竟为什么要做这些？"

"接受生育治疗？还有写诗？"

"是。"

"因为它们对你很重要？"

她摇摇头："重要吗？这些治疗让我身心俱疲，每个月还是无法怀上孩子……"她的声音渐渐微弱下去。

"这段时期一定很难，"我说道，"但那并不意味着努力怀上孩子就不重要，也不应该质疑写诗的意义，对吗？虽然很难，但这些事对你而言都很重要，对吗？"

她不太想认同我的说法："我不确定。"

"可如果它们不再重要了，那什么才是重要的呢？"

"也许什么都不重要。"

"正是如此。你看到了那道帘子后面的虚无，在那黑暗、空旷的空间里，一切都不重要。但假如你放下帘子，再次遮住那虚无，转移一下你的注意力呢？比如，想象着……你牵着孩子的手？"

她啜泣了起来，含泪说道："那太痛苦了。"

既然残疾已成事实，那么你将如何在这个事实的基础上去构建你的日常练习呢？

我对其他残疾人的建议是，专注于做好你的残疾不会妨碍的事情，不要为被它干扰的事而后悔，不要在精神上和身体上都残疾了。

——斯蒂芬·霍金

过了一会儿，我说："你可以任由空虚吞噬你的生活，也可以满怀希望。虽然这希望将与痛苦相伴，但你真的想选择空虚的生活吗？"

她稍稍挺了挺身："我不想要空虚的人生。"

"以此为起点，开始写诗吧，写什么都好。"我说道。

她点点头："我完全明白了。"

劳拉恢复了创作练习。虽然是在痛苦中写作，但写起来意外地轻松。她说那是一种很奇怪的感觉，在如此痛苦的情况下还能如此享受写作。后来，她得到消息，她怀孕了。

"这会让你中止写作吗？"我问她。

"我明白你的意思，"她说道，"我知道情况会怎样。我不想写有关宝宝的东西，那可能会不吉利。但是，我也不想写其他的，什么六月啊、月亮啊，一切与宝宝无关的，我也不想写。但是，总有一天我还会继续写作的，因为写作对我很重要。"

▶ 深思细悟

1. 你时常会遇到健康问题吗？

2. 在你的日常练习过程中，是否会受到健康问题的困扰？

3. 你会尝试通过哪些方法来应对这个挑战？

4. 如果无法完美应对这个挑战，你会如何继续自己的日常练习？

心理防卫

在日常练习中，最难以克服的障碍，往往都是我们自己造成的。当我们出于心理防卫，拒绝承认所遇到的问题，因而无法解决它们时；当我们出于心理防卫，拒绝承认自己的性格缺陷，因而无法改变它们时，我们就让自己陷入了最大的困境。

每个人都有防卫心，有些人特别强，这也无可厚非。面对他人的指控，即使是真的，我也想保护自己免受指责，这有何不可？我就是想忽略自己的缺点，不想努力提升自己的人格，这有何不可？如果我就是想喝酒，那么我就把饮酒当成"社交需要"，这有何不可？虽然这种心理防卫完全无可厚非，但它对日常练习绝对是巨大的威胁。

西格蒙德·弗洛伊德向女儿安娜阐述了人类惯用的多种心理防卫机制，包括合理化、否定、压抑、升华、投射、转移，等等。精神分析理论详细地研究了我们是如何隐藏痛苦或者其他负面信息的，我们是如何神奇地做到可以无视自己正躺在自己的呕吐物中，或者可以忽略自己是因为记恨老板才踢了他的狗的。所有人都会使用这些策略，只是有些人格外出色，几乎可以无视一切身心障碍。

汤姆非常喜欢自我完善这个概念，他也很喜欢那个承诺会让他变得更好的讲习班，他还喜欢那个他参加了10年的男生小组。他喜欢看励志类书籍，这些书让他知道自己所经历的一切困难都是正常的，都是可以解决的。但为什么他的女友会威胁称，如果他再不"长大"，就要离开他？他为此感叹不已！

日常练习遇到了问题？放下你的防御心，也许问题就迎刃而解了。

勇于承认自己的错误会得到一定的回报，它不仅能消除负罪感和戒备心，往往还有助于解决错误所引起的问题。

——戴尔·卡耐基

汤姆向女友保证自己会改，为了表现诚意，他开始每天坚持人格提升练习。可她还是半信半疑，只说了句："我100%确定，这不是问题的关键。"

"你认为，她觉得关键是什么？"我问道。

"我不知道。"

"她给你的罪名是什么呢？"

"她说我是被动攻击，我真的不懂她的意思。我从来都不挑事儿，我讨厌争吵，家里见得太多了。而且，我一点也不被动，我时时刻刻都在做事。"

"她是怎么想的呢？具体说说？"

他摇摇头："比如有一回，我一心忙着手上的木工活，结果忘了做饭，而那天晚上正好她把她的父母请来了。我不过就是忘了嘛，当你专心做事的时候，就会发生这种情况，不是吗？你会沉浸在你的内心世界，忘了时间和空间的界限。再说，我也及时回过神，做了一顿丰盛的晚宴，没犯错，也没耽误什么事啊！这本不是什么大事，不是吗？"

"很难说，这种事经常发生吗？"

"不！只是有几次说好要去机场接她，结果没去成。可能还有过忘了续签材料之类的事，比如忘了给她续签护照。不过，我们在一起的8个月里，这样的事并不多，掰着手指头都数得过来！"

我点点头："那么，你在进行人格提升练习时，都做些什么？"

汤姆一下来了兴致："研究有关男性的问题啊！我有好多书想看呢，书中自有黄金屋啊！"

"那你想提升哪方面的人格呢？"

"要更开放，"他大声说道，"更专注，更大度，要正视自己的感受。"

"啊，没错！"我停顿了一下，"所以你是通过读书来提升人格的，那么你的改变都……体现在哪儿呢？"

"处处可见啊！尤其当我在男生小组时，我做了很多经验分享。"

两周后，汤姆找到了我："我们分手了。"

我并不意外。

"她走之前，还教会我的鹦鹉说'蠢货汤姆！'。"

"挺过分的。"

"她又说我是被动攻击，仿佛我就没做过什么好事！"

"有什么导火索吗？"

"没有，根本没什么！不过是我的小组成员来找我玩，所以晚餐我就迟到了一会儿。20分钟她都不能等吗？ 20分钟有什么吗？"

"是没什么，"我附和着，"不过，左一个20分钟，右一个20分钟，加起来就有什么了。"

像很多人一样，汤姆很难正视自己，很难承认自己长期处于自我防御的状态。如果你为了自我保护，选择刻意忽略，而我却让你更仔细地看看你的自我保护会如何毁了你的日常练习，这的确有点强人所难了。但也许在内心深处，你对此有些许在意，哪怕只有一点点，那就请听听我的建议。

是的，承认现实可能会令你大吃一惊；是的，承认自己的某些缺点可能会伤害你的自尊，令你尴尬，甚至沮丧；是的，诚实总会付出代价。但是，你知道这是成年人应该做的，对吗？为了你的日常练习，更重要的是为了你的人生，请勇敢地越过你垒起的那道高墙，直视那片黑暗。

▶ 深思细悟 --

1．你时常会遇到心理防卫的问题吗？（如果你能突破自我保护的障碍，认识到这一点的话。）

2．在你的日常练习过程中，是否会受到心理防卫问题的困扰？

3．你会尝试通过哪些方法来应对这个挑战？

4．如果无法完美应对这个挑战，你会如何继续自己的日常练习？

缺乏进展

你的日常练习的目标之一也许是取得进步：你希望在即将到来的马拉松比赛中有更好的耐力，你希望通过某种方法提升人格，你希望你的长笛演奏可以更出色。假如感觉不到自己在进步，你就会士气低落，日常练习也会受到影响。理智上明白进步的过程是痛苦而缓慢的，这是一回事，而日复一日地做着应该有进展却感觉不到进展的事，就是另一回事了。你的内心可能有两个声音，一个说："再给它点时间。"另一个则尖叫着："真是受够啦！"

即使你认为日常练习更在于过程而不是结果，即使你清楚自己不想用结果来衡量日常练习的效果，却还是很难不去在意是否有进展。我们想看到成效，因为如果感觉不到进步，就可能开始厌恶日常练习，甚至产生放弃的念头，这是很自然的事。

感觉不到任何进步？首先，日常练习的目的不在于取得实质性的进展；其次，进步就在那里，它会以令人意外的方式出现。

进步藏在点滴之中，成功源于持续专注的日常练习。

——梅丽莎·斯特吉那斯

艾米丽是一位成功的画家，尤其擅长画田园风光。她对动物的处理方式非常奇特，这也使得她的画作十分抢手，订单从世界各地纷至沓来。对于一些比较宏大的作品，她甚至会去实地取景，而不是照着图片作画。要画画、要去外地写生，还要照料一大家子人，艾米丽每天都忙得不可开交，但她喜欢这种状态。

唯有一事令她不快。她不想放弃、推翻或者否定自己的画风画技，但她想要更多，主要体现在两个方面：一方面，她想用新的绘画风格来呈现熟悉的主题，但她不知道这种风格具体是什么样子的；另一方面，她想用这种新的绘画风格呈现新的主题。她陷入了双重困境，既不知道新画风是什么样的，也不知道新主题可以是什么。于是，我们一起想出了一项日常练习，重点是尝试新画风和新主题，但进展并不顺利。

一天，艾米丽沮丧地告诉我："在画画这件事上，我一点儿进步都没有。"

我笑了起来："我们要关注的是过程，而不是进步。"

"说起来容易做起来难！我喜欢有始有终，一开始做一件事，我就想看到它完成后的样子。画第三笔的时候，我就已经开始考虑装裱的事了！"

"你习惯了凡事一定要有所产出，"我说道，"画笔一下一收之间，你就拥有了一幅作品。这很好，可反过来看，这也是个问题。你习惯了要看到实实在在的成果……而现在，成果并没有出现，我们该如何解决这个问题呢？"

"不知道我们能不能解决。"

今天也许就是你取得进步的那一天，也可能是明天，也可能是任意一天！

成功也许需要很多天的努力，而进步只要一天就够了。

——T. 杰伊·泰勒

"告诉我，如果不经过试验，你能不能找到一种新的绘画风格？不去画那些试验性的作品，然后把它们扔掉？"

"我不介意扔掉那些画作，"艾米丽说，"但我必须感觉到自己在进步！"

"所以我们谈的是一种感觉？"

"虽然是一种感觉，但也是一种事实。然而，我现在什么都没学到，我没有看到新事物即将到来的任何迹象，我只感觉到毫无进展。在一次次的尝试中，甚至没有一点儿我想要的东西出现。"

"你已经丧失希望了吗？"

"没有，"她说，"我只是很沮丧。"

我们就那么静静地坐着。

"我想去相信新的事物正在到来，"她说道，"我想去相信……我可以做得更好。其实，不是有没有进步的事，而是关于'伟大'，我不相信自己身上有伟大之处。"

我点点头："这正好可以做口诀，你觉得呢？"

"我有伟大之处？"

"正是。"

我们想进步是人之常情，但想进步可能也是一个陷阱。有时候，即使我们虔诚地付出了努力，也可能在很长一段时间内都看不到明显的进步，这感觉的确很糟糕。进步也许就在下一个转角，也可能咫尺天涯。也许我们整整一个星期、一个月，甚至一年都无法感到进步，可我们还得坚持下去。

我们想取得进步，这想法既合理又令人钦佩。但是，请不要把日常练习的目标押在是否有进步上。有时，无论从长期还是短期的效果来看，进步都不是衡量日常练习效果的正确标准。假如在很长一段时间内，你的小说创作没有任何进展，你的钢琴水平还是保持原样，或者你的焦虑感丝毫未减，当你感觉不到进步的时候，去找一种方法与它和解，学会自我调节。

坚持日常练习，怀抱希望，不要过分纠结于是否有进步。

深思细悟

1. 你是否时常会感到没有进步？

2. 在你的日常练习过程中，是否会因为觉得没有进步而苦恼？

3. 你会尝试通过哪些方法来应对这个挑战？

4. 如果无法完美应对这个挑战，你会如何继续自己的日常练习？

错误与混乱

在我的辅导生涯中，我不确定是否遇到过比这更奇怪的问题。杰森是一位人类学教授，他突发奇想，想要成为国际象棋大师。对此，他也无法解释，只觉得这是他必须去做的事，但他很快就遇到了以下难题。

"你会下国际象棋吗？"我俩第一次聊天时，他问道。

"会一点儿。"

"那就好！你知道，有些伟大的棋手喜欢王兵开局，而我则偏爱后兵开局。由于某些原因，我总不按常理出招，倒不是因为想不出更好的招数，而是刚走到第二步或者第三步时，我就听见自己说，'别那么走，那是错误的'。然后，我就偏要那么走。"

"你不知道为什么会这样吗？"

"不知道，感觉很奇怪，倒不是我就喜欢给自己捣乱。其实，我还是挺想赢的。而且有趣的是，每当进入中局之后，我就会稳扎稳打，不会明知是错误的还要去走了。那种情况只发生在开局，前几步的时候，好像身体里有个骗子在蛊惑着我。"

"好吧，"我说道，"也许你可以把这个作为日常练习的内容。"

"你的意思是？"

我向他解释了日常练习的概念，然后说道："但是，我不太确定，你需要的似乎不是反复练习正确的开局招数。很显然，你知道应该怎么走，而且不是无意间走错，就像是在较劲儿，但是什么和什么在较劲呢？"

他苦笑了一声："这就像那部老电影《奇爱博士》一样。那个坐在轮椅上的邪恶的天才，总用一只胳膊阻止另一只胳膊做出'希特勒万岁！'的军礼手势。"

假如我们是神，那我们还需要练习吗？谁知道呢？毕竟我们不是神。
练习无法成就完美，但不完美可以成就练习。

——莫科科马·莫科诺阿纳

我点点头。"那我们就试试看，制定一个日常练习，重点解决'我为什么要制造这个乱局？我到底怎么了？'的问题。"

"那会是什么样的日常练习啊？"他挖苦道。

我笑了笑："我不知道，你来告诉我。"

"我可以进入一个国际象棋游戏，在准备走错误的一步之前停下来，一般是在第三步之前。然后，我就坐在那儿分析，究竟是什么促使我去走那步错误的。我可以把这当作我的日常练习内容。"

你画错了一笔，画布也毁了。你可以绞着手懊恼，也可以继续画下一幅画，你的练习不会因为一张画布被毁就结束了！

去犯错，再重头来过。只有不断摸索和反复努力，才能真正地成长，有所成就。

——萨曼莎·迪昂·贝克

"听起来非常好，"我认同道，"你觉得自己需要坐多久？或者说能坐多久？"

他想了想，说："10分钟，也许15分钟吧！"

"好！就这么定啦！"

第二次见面时，杰森告诉我，他得到了一些启发，但还不能完全确定。于是，我们对计划进行了微调，加入了睡眠思考法。按照新计划，他在睡前会给自己一个睡眠思考提示："究竟发生了什么？"然后让处于睡眠状态中的大脑去解决这个问题。第二天早晨，他会直接进行他口中的"骗子练习"。两周后，我们又见面了。

"似乎有四个原因，"他说道，"第一，电脑的棋艺太好了，现在人们下国际象棋变得有点儿可笑。即使是世界冠军也赢不了最好的电脑程序，所以我走错误的几步，是在表达其实根本没必要费力下棋。我是在用走错误几步的方式蔑视电脑、蔑视人工智能、蔑视科技，蔑视我们生活的这个时代。"

"这真是个不小的发现。"我说道。

"第二，我用这种方法来确保我不会注意到自己的能力不足。只要走了那步错误的，必输无疑，所以根本无从检验自己的棋艺高低。聪明吧？"

"相当聪明。"

"第三，可能与缺乏预判能力有关。伟大的进攻型棋手都有一种预判能力，而伟大的局面型棋手有另一种预判能力，所有伟大的选手都能预见还未发生的事情。这与走一步看一步的下棋法完全是云泥之别，其实……也就是想象力，我走错误的几步就是确保我不会注意到自己没有想象力。"

"哇，真不错。"

"第四，我感到焦虑。这是我感到焦虑的一种表现方式，其他的我也说不清楚，不过焦虑一定是原因之一。"

"所以?"

"所以，我要告别国际象棋啦!"他说，"我改变主意了，我决定要学着去放手，这比下国际象棋都难。"

我忍不住笑了:"你打算怎么做呢?"

"还没想好，不过我已经准备好迎接挑战了。"

你的日常练习可能充斥着错误和混乱，常见的也好，奇特的也罢，总之它们就在那里，随时准备干扰你的日常练习。你是不是无数次摸索着那个和弦的弹法?你是不是把鲜艳的画作弄得一团糟?你是不是又忘了试镜视频的同一个片段的那句台词?唉，你一点儿都不高兴! 但是，请不要被懊恼击垮。你的日常练习如此重要，怎能被几次失败打倒呢?

📹 **深思细悟** --

1. 你是否时常会因为自己制造的错误和混乱而受到干扰?

2. 你的日常练习是否时常会因为自己制造的错误和混乱而受到干扰和破坏?

3. 你会尝试通过哪些方法来应对这个挑战?

4. 如果无法完美应对这个挑战，你会如何继续自己的日常练习?

失败

如果你经历了太多次失败，就很难坚持日常练习。什么样的失败？我们来看看琳达的例子。琳达想实现艰难又可怕的转型，从职场工作狂变为自己当老板的商业导师。她制订了一项严格的创业练习计划，每天花三四个小时努力营销和发展自己的业务，可她的付出却没有得到回报。

她计划开办的静修会无人问津，计划开设的讲习班也没人报名，最后只得双双取消。她尝试过与同事合作，结果却成了一场噩梦。后来，她又尝试在网上授课，虽然前来听课的人很多，但最终只收获了尖刻的批评和抱怨，这令她痛下决心，再也不与人打交道了。于是，她设计了一款电子书，既可爱又实用，但销量寥寥无几。

"假如你的朋友遇到了这些情况，你会对她说什么？"我问她。

"慢慢来，别放弃！"

"我相信这些话你肯定也对自己说过了，但似乎还不够。你觉得还需要说些什么，或者做些什么吗？"

"肯定不是重新定义这些失败。"她说道。"我知道，如果不把这些努力称作'失败'，也许会有用，但是如果它们感觉像是失败，那就是失败。"

我不得不点点头。

"我不想玩文字游戏,把没做成的事称为'成功''勇敢的努力',甚至'学习经验',那行不通的。"

"好吧!"我突然有了一个想法,"也许你练习的重点应该是遗忘,遗忘和加倍的努力,刻意遗忘和更多时间的投入。"

她考虑了一下:"这个我可以接受。但怎么去遗忘呢?具体怎么做?"

"这个问题很有意思,有什么想法了吗?"

"有,但是忘了。"

这话令我俩都笑了起来,可问题还没解决。

"可以试试这个,"我说,"在墙上贴一张白纸。当失败感在你的内心涌起时,你就看着这张白纸,然后忘记一切。"

她在想象那个场景了。过了一会儿,她说道:"你知道有趣的是什么吗?那张纸得大小正好。太大了没用,我会觉得……怎么说,有压迫感。如果太小,又会感觉太……微弱了。必须得刚刚好才行!"

"那得是?"

"8.5 乘 11[①] 的。"

我们都笑了起来。

"好吧,那还是挺容易找到的。"

"没错,相信我身边就有。"

琳达的方法奏效了。那张白纸果然有魔力,它使琳达能投入更多时间练习。她后来开的讲习班人满为患,加倍的努力和随之而来的成功给了她不竭的动力。但在她看来,最大的功臣当属那张白纸,因为

---

① 译者注:此处指 8.5 英寸 × 11 英寸,美国标准信纸尺寸。

它有神奇的魔力，可以让她准确地遗忘，从而继续前进。

失败（随你怎么称呼它）注定会发生，重要的是你要意识到，你所付出的努力，只有一部分是有效的，而且很可能是较小的一部分。你写的每一个短篇故事都会很精彩吗？不可能。你的每一次营销活动都会获利吗？不可能。你的每一场音乐会都会令观众满意吗？不可能。

因此，创作了一本乏善可陈的短篇小说集，策划了一场尽力但不成功的营销活动，举办了一场好听但冷清的音乐会，你会怎样定义它们呢？是失败吗？还是努力过程中无法避免的一部分？你的日常练习可能取决于你与现实之间的关系。如果你明白不是所有的努力都会有回报，如果你不需要所有的努力都得到回报，那么你就能日复一日地将你的日常练习坚持下去。

尽管如此，接二连三的失败还是会令人泄气，甚至可能威胁到日常练习。假如你能够提高有效努力的百分比，情况就会好得多。你要知道，日常练习就是通往目标的那条道路。它可以让你完成那些不够精彩的短篇故事，然后去创作精彩的故事。当你将数千个小时的时间，投入到钢琴练习、创业练习、能动性练习或者其他实现人生目标的练习中时，你的专业知识和理解能力就会得到提升。日常练习就是通往理想的康庄大道。

失败是终点吗？当然不是，它是且必须是新的起点！

当你"失败"之后，你可以立即从头再来。

——布莱恩特·麦克吉尔

1. 你是否时常遭遇失败的挑战？

2. 在你的日常练习过程中，是否会因失败而感到困扰？

3. 你会尝试通过哪些方法来应对这个挑战？

4. 如果无法完美应对这个挑战，你会如何继续自己的日常练习？

人格

我们的人格可能会阻碍我们进行日常练习，或者中断我们的日常练习。

还记得前文中提到的那个简单的人格模型吗？由固有人格、既得人格和可得人格三部分组成。让我们重新回忆一下，因为妨碍我们的可能是固有人格中的某个方面，也可能是既得人格中的某个方面，原因不同，处理方法自然也会天差地别。

假设你天生高智商，这就是你固有人格中的一个特征。那么，某些重复性的工作和不需要耗费太多脑力的活动，很可能会令你感到厌烦，使你无法坚持下去。显然，问题不在于你聪明，而在于你难以忍受枯燥的任务。那么，可行的解决方案是什么呢？如果可以的话，增加任务的挑战性和趣味性。举个例子，假如要写书，不要套话连篇，而是努力做到字字珠玑、鞭辟入里。

你一定有很好的理由来为自己套话连篇的作品辩护，比如这是出版商和你的读者喜闻乐见的，也是你闲暇时可供消遣的那类书籍。但是撇开这些理由，你可能想尊重自己的天性，选择做更能发挥自己聪明才智的事。这可能有助于你更长久地将写作练习进行下去，而这一点恰恰是公式化的写作无法实现的。

然而，问题更多地出现在你的既得人格而非固有人格中。由于在过去的多次经历中，你被迫放弃主动权，服从于某种专制霸权，所以你可能变得愤怒、反叛、固执和不愿妥协。这种愤怒也许不是你"天生自带的"，但现在已经成为你的一部分；那些你一直在做的激烈的抗争，也许不是你"天生自带的"，但现在已经成为你的一部分。那怎么办呢？你可以进行人格提升练习，努力治愈那些专制霸权所造成的伤痛。

　　当然，现实生活中的情况会复杂得多。假如有一个人，父亲专制，母亲溺爱，在这样的家庭环境中长大之后，他的那些固有人格特征，如高智商和敏锐的存在意识（本来可能导致长期的失落）会如何在他身上表现出来呢？如果再把其他十几种固有人格特征和十几种既得人格特征都考虑进去呢？那会令我们晕头转向。人真是奇妙的结合体。

　　我们来看看杰克的例子。我们俩是因为职业而结识的，他和我一样，也是批判精神病学阵营的精神病学家，他也严重质疑精神病学的逻辑性和合法性。我写过多本关于这一领域的书，比如《重新审视抑郁症》《人道帮助》《心理保健的未来》。我们在参加各种峰会、专家会议的过程中逐渐熟识，我们还有共同参加的组织，比如国际道德心理学与精神病学协会。

　　杰克想借鉴奥利弗·萨克斯[1]的《错把妻子当帽子》和欧文·亚隆[2]

---

　　① 译者注：奥利弗·萨克斯（1933年7月9日—2015年8月30日），经验丰富的神经病学专家，具有诗人气质的科学家，在医学和文学领域均享有盛誉。

　　② 译者注：欧文·亚隆（1931—），美国著名精神病学家，当代美国存在心理治疗的代表人物之一。

的《爱情刽子手》的写作风格，写一本关于案例研究的书。在这本书中，他想证明精神病学并非只能扮演"诊断和处方"的角色，而是可以涵盖心灵、灵魂和智慧等内容。他想通过阐述真实案例的复杂性，来驳斥甚至反抗精神病学的流行做法，即随意给人贴上"精神障碍"的标签，然后直接开强效药物进行治疗的粗暴做法。

不知道究竟该如何提升你的人格？那正是你要努力的方向！

我们需要终身的练习、坚持与奉献，才能发现自己人格中的一小部分特质。

——普雷姆·佳格西博士

出于对他观点的认同，我希望他能找到属于自己的写作方法。只可惜，他还未动笔。

"是什么阻碍了你？"我问道。

"我自己。"

我微微一笑："哪一部分的你？"

"缺乏想象力的那一部分。"

我觉得自己明白了杰克的意思，但又不能确定。

"缺乏想象力？"

他点点头："从很小开始，我就过着循规蹈矩的生活。什么样是对的，什么样是不对的。数学是完美的，数学总是合理的，甚至像无理数这样的概念也是合理的。无理数比我父母的吼叫要合理得多！我像是被蒙住了双眼，困在了一个地方，只一心埋头学习。"

我想了想，说："有意思的是……"

"我知道！"杰克打断了我，"一个严谨周密之人，为何会选择如此抽象混沌的精神病学？我想之所以选择精神病学，是因为我在和自己做斗争，这是一场真正的科学和……一些更玄妙的事物的斗争。精神病学就像是某种天作之合，在这个领域里，你既可以研究真正的科学，比如精神药理学，也可以研究一些玄妙的知识，比如心理治疗，至少我当时是这么认为的。我不知道精神病学离真正的科学竟然如此遥远。也许我的选择还是正确的，因为我的确在帮助他人。但说到要写这本书，我十分确定我没有艺术家的人格。"

"你知道还有什么事需要严谨周密吗？"我说道，"在画廊办画展。画家会给你提供数百幅画作，你需要结合空间布局和展出效果，对所有的画作统筹安排。这虽然不像数学那么严谨，但也需要周密安排，对吗？"

杰克点点头："是的。"

"所以你可以做一个案例研究集，收集案例，而不是自己写。将一个个案例想象成一幅幅画作，对它们进行统筹安排，这可能是一种适合你人格的写作方式。"

"那太有趣了，"过了一会儿，他说道，"真的有意思！"

"可能正好与你的人格相契合。"我说道。

"一定是的！"

你的人格会影响你的日常练习。为了将日常练习坚持下去，你还必须保持清醒的意识，即要知道你的人格究竟是有助于你的日常练习还是有碍于你的日常练习。如果你关注自身问题，找到需要提升的人格，并采取相应策略，那么你坚持这项成功的、有效的日常练习的概率就会大大增加。

1. 你是否时常会遇到人格问题的挑战？

2. 在你的日常练习过程中，是否会因人格问题而苦恼？

3. 你会尝试通过哪些方法来应对这个挑战？

4. 如果无法完美应对这个挑战，你会如何继续自己的日常练习？

冲突

有些人喜欢冲突，但多数人对它望而却步，甚至一提起它，就头皮发麻。外部冲突，比如你与上司之间，很可能会在一定程度上影响你的日常练习，即使两者之间毫无关联。冲突的余波还会引发你的不安情绪和环境焦虑，继而影响你的日常练习。这种影响也许不至于让你的日常练习立刻停止，但它绝对有这种潜力。

然而，如果冲突发生在你内心的两个交战方之间，而且冲突的起因直接与日常练习有关，那必将导致你放弃日常练习。假如你的医生和药剂师给出了不同的治疗建议，你觉得他们说的都有道理，但又都有些疑点，那么你还有几分可能会斗志昂扬地坚持纠正练习呢？你是不是更有可能发现自己处在摇摆不定的状态，做什么事都心不在焉，最后可能干脆什么都不做了？

当一位作家无法决定是写回忆录还是小说时，她所经历的那种矛盾无法言喻。回忆录不是更真实、更坦诚，更像她想写的那种书吗？但是，小说不是不太可能会激怒家里人吗？选择诚实，还是安稳？处于这种困境的作家，可能会被困几年甚至几十年。

这些内部冲突往往错综复杂，阿米莉亚就是个例子。她是一位成功的、受人敬仰的画家，不过已经不再画画了。

"你觉得问题出在哪儿？"我开门见山地问道。

"在于我不想这么做。"

"做什么？"

"做画家。我的父亲想成为一位画家，我的母亲想成为一位舞蹈家，结果他们都没能如愿。他们都把艺术变成了宗教信仰，至少他们嘴上说得都挺好。不知不觉间，我也被他们说服，成了一位画家。但是，涂满画布对我真的不再有任何意义了。"

我点点头。

"我不是说绘画作品不能产生摄人心魄的效果。"她继续说道，"有一位罗马尼亚画家，她的一幅作品展现了一群离群索居之人。看到这幅一流的作品，甚至会让你心脏骤停，但也仅此而已，它并不能改变世界上还有七千万难民的事实。绘画作品从未真正影响过现实生活，戈雅[①]的'行刑队'不行，巴勃罗·毕加索的《格尔尼卡》也不行，那些受舆论追捧的作品当然更不行。一幅画，可以是优美的、摄人心魄的、令人震惊的，但永远不会是真正重要的。"

冲突可能发生在你与你自己之间。

我们都是矛盾的人。就我而言，一半的我想要盘腿打坐，任由那些我无法掌控之事随风而去；另一半的我则只想发起一场圣战。

——扎迪·史密斯[②]

---

① 译者注：戈雅指弗朗西斯科·何塞·德·戈雅-卢西恩特斯，出生于西班牙萨拉戈萨，西班牙浪漫主义画派画家。这里提到的行刑队，出自其画作《五月三日》。

② 译者注：扎迪·史密斯，生于1975年10月27日，英国青年一代作家的代表。

"那为什么不停下来呢？"

"我已经停下来了。"

"但是你所说的停下来是被迫的，而不是主动选择的，是你的决定吗？"

"那是……痛苦的决定，因为我对画画还是有留恋的。"

我们陷入了沉默。

"所以你还没有完全决定？"

"对，还没有。"

"你画不出来吗？"

"是的。"

我们思考了一会儿。

"你可以画画，"我说道，"然后把卖画的收入拿出一部分，捐给那些援助机构。"

她笑了笑："我考虑过这个问题，这么做完全合情合理，只不过没能打动我。这会让我想起那些强盗资本家，他们赚够了钱就去捐款建图书馆和医疗中心，但这改变不了他们是强盗资本家的事实。"

"你把画画比作……不道德的事？"

"是放纵。"

"但也是不道德的？"

"放纵就是不道德的。"

"也包括那位罗马尼亚画家？"

"不！"她摇摇头，"我觉得他所做的是有价值的。"

"而你却觉得自己做的是没有价值的？"

"我不知道，"她说道，"这可能正是问题所在。"

有时，冲突可以被化解；有时，有一方会投降；还有时，冲突无法解决，一直存在。我决定主动出击。

"如果有一方要投降，你希望是哪一方？"

她望着我："你所说的两方，具体是指？"

"画还是不画？"

冲突，也可能会发生在你与他们之间。

在我小时候，朋友们会喊我跟他们一起出去玩，但我会待在家里，因为第二天还要训练。我喜欢出去玩，但我必须得知道什么时候可以玩，什么时候不能玩。

——莱昂内尔·梅西

她的眼中噙满了泪水："我希望投降的是不想让我画画的那一方，我希望想让我画画的那一方可以获胜。"

"可是……？"

"可是双方的争斗还没有结果。"

我记得曾与自己有过一次激烈的小斗争。当时我写了一本书，出版时做了两种尺寸，结果都卖得不错。有一位出版商想要再版，但想用统一尺寸，所以他问我哪种尺寸卖得更好。真实的答案是两种的销售量差不多，而比较机智的回答应该是，其中一种比另一种要好得多，这样出版商就能尽快敲定计划了。我在两种答案之间进行了一番激烈的斗争，最后选择了实话实说，而出版商最终放弃了再版计划。

冲突是错综复杂的，是潜藏危机的，是会令人精疲力竭的。冲突出现的原因有很多，因为两个乐队成员在争吵，因为两个想法在争吵，因为两种性格在争吵，它们以各种形式和规模出现。即使是最轻微的内在冲突，也可能让你的日常练习戛然而止。那冲突可以被化解吗？我们想要的结果当然是能化解最好。如果不能化解，也许一方可以选择投降？也许可以安排一次休战？如果冲突持续，其他所有方法都失败了，那无论如何，你都需要以惊人的毅力坚持日常练习。

▶ **深思细悟** --

1. 你是否时常会遇到冲突问题的挑战？

2. 在你的日常练习过程中，是否会因冲突问题而苦恼？

3. 你会尝试通过哪些方法来应对这个挑战？

4. 如果无法完美应对这个挑战，你会如何继续自己的日常练习？

无聊与没有意义

我们知道，按照自塑主义的观点，意义是一种心理体验，像其他心理体验（喜悦、惊讶、愤怒、悲伤等）一样，会自然地产生和消失。总的来说，意义是被创造的，而不是被发现的。通过某些日常的方法（比如重复进行曾经感到有意义的活动）可以创造出意义。我们认为，这是对意义的一种不寻常的理解，也是正确的理解。

从这个观点出发，可以得出许多重要的观察结果。当你重复练习时，那种意义感就会如昙花一现，当这种感觉消失后，你会觉得生活更没有意义，会感到更无聊甚至绝望。像写书这样的项目，刚开始的时候，可能会觉得有意义；写到一半，发现进展不顺利时，会觉得意义感没有那么强烈了；某一天，当发现亚马逊上有一本类似的书时，意义感进一步减少；一个月后，当我们改变了中心论点时，意义感已经所剩无几了……意义不是静态的，它不会一直保持同样的状态。

日常练习的意义也是这个道理。今天你可能觉得练习很有意义，明天你就会觉得它并不是那么有意义，甚至完全是无意义的。凭什么无数次的练习那段和弦就不会使我们感到无聊或者没有意义呢？我们只需要期待那种感觉，明白那只是一种感觉，然后无论怎样都坚持练习下去。如果坐在那里并且心里反复预演，就是我们实现人生目标的方法，那就尽管去做好了，不要去在意我们是否能获得某种感觉。

你可能每周都这样做，但一次也没有感觉到意义的存在。的确，你可能会觉得你的努力毫无意义、荒谬可笑。

关于意义的另一个真相是，即使我们所做的是绝对正确的事，我们从中所能收获的意义也是微乎其微的。假设你在坚持进行能动性练习，每天专门花一个小时给立法者发邮件，提醒他们你注意到的一些问题。你就这样一周又一周地坚持着，却可能从未感觉到意义的存在。的确，你的努力会让你觉得自己的付出既可笑又毫无意义。

有一天，你收到了立法者的回信，他说将提出一项法案，支持你的观点。那一瞬间，巨大的意义感向你扑面而来。这种意义感的余波大概会持续一分钟，之后在很长一段时间内都不会再出现了。

自塑主义者明白，即使他们不停地做着一件又一件正确的事，他们也可能只是偶尔才会收获意义感。在其余时间里，他们可能会为意义的缺失而痛苦，也会对其燃起渴望。但他们不会好奇意义去了哪里，也不会冲出门去四处寻找，并没有什么需要去追逐的，只管努力创造下一个意义就好。

当我们没有体验到意义，也不了解意义的本质时，会有什么感觉呢？我们会觉得无聊，生活空虚。我们找不到继续前行的理由，我们感到绝望，我们开始质疑自己的人生观和世界观，我们渴求着一种无法名状、不知其踪的东西。所有这些焦虑只是因为那一点点意义的消失！自塑主义者并没有将意义的消失看得太严重，他们相信它还会回来的，至少还会短暂地停留几秒。意义的消失并不是什么大事，如果我们按照自塑主义的观点进行"意义投资"，把握创造意义的机会，意义很可能会回来。

练习有时甚至经常会令你感到厌烦吗？也许会的。但是，你是在浪费自己的时间吗？绝对不是！

除非你是真正的天才，否则在你变得优秀之前，你得糟糕好一阵子。那段练习的时光看上去就像在浪费时间，那种感觉至今依然记忆犹新。

——布拉德·帕斯利

我们已经了解了意义来去自如的事实。于是，我们通过实现自己的人生目标，通过重复以前有意义的活动（比如带孩子去动物园，参观博物馆或者向当权者说真话），通过尝试可能会有些许意义的新活动，以及其他被证实过的正确方法，努力创造意义。我们不会恐慌，也不会宣称"生活毫无意义"，我们只是对意义的真相微微露出一记苦笑，便继续追求我们的人生目标去了。

假设你在进行一项创业练习，每天拖着疲惫的身子下班回到家之后，还要花上3个小时来努力发展你的线上公司。在这3个小时内，你做的许多事都让你觉得毫无意义，它们只会令你感到厌烦、厌倦，它们完全不能提供你所希望和渴望的那种感觉，那种"打理自己的公司真有意义"的感觉。如果你不知道究竟为何会这样，你的日常练习（和你的情绪健康）将会受到严重威胁。

你的小说创作本来很有意义。然后，由于某种原因——一点小挫折，一片乌云遮住了太阳，或者头疼——意义溜走了，你发现写作不再是一件有意义的事了。面对这种情况，自塑主义者会微微一笑，感叹："啊，意义溜走了。那我来洗个澡，再继续写作吧！"或者她会说："此时此刻，这个人生目标超级无聊，让我来换一个吧！"然后，她可能会和女儿一起烤饼干，或者拿起笔枪纸弹，为支持某一事业而奋斗。又或者她会说："让我隆重地重新赋予我的小说意义吧！我的小说对我很重要，我不允许任何无意义的感觉影响我。"说完，她会象征性地摸一摸那一摞书稿，或者点一支蜡烛，或者走到放着她的成书的书架前，喃喃地说："小说，你很重要，我现在就要回到你身边。"

　　无聊、无意义及其他与意义相关的事，比如意义流失和意义不足，都是对你日常练习的严重威胁。当你的感觉是"该死，这毫无意义！"时，要坚持日常练习就不那么容易了。了解意义的本质，知道它会不可避免地消失，也会定期出现，可以使你更加坚定、更有力量。在意义的问题上，自塑主义可能会对你格外有益。为了你的日常练习和人生幸福，我真的建议你去了解一下自塑主义。

◈ **深思细悟** --

　　1. 你是否时常会感到无聊和没有意义？

　　2. 在你的日常练习过程中，是否会因为无聊和没有意义而苦恼？

　　3. 你会尝试通过哪些方法来应对这个挑战？

　　4. 如果无法完美应对这个挑战，你会如何继续自己的日常练习？

Epilogue
后记

人们一旦习惯了日常练习，往往就会爱上它。他们钦佩自己每天所表现出来的自律和投入，认可通过日常练习来实现目标的方法。他们深知没有日常练习，他们就无法写书、创业，或者坚持正念练习。尽管日常练习有这么多好处，他们却很可能不会继续练习。

为什么呢？在下部中，我们介绍了日常练习的18种典型挑战。这些挑战都可以成为真实有力的借口，每一个都足以令我们的日常练习停止。日常练习内容的艰难、无聊与重复，内部与外部的混乱与噪音，无助于你的境况改善，感觉缺乏进展，还有那些我们还未探究的挑战，比如他人对我们日常练习的干扰，以及养成一个新习惯的巨大难度。你可能明知日常练习的许多好处，却依然无法坚持下去。

不幸的是，如果你不能坚持下去，你就会白白浪费许多精力，无法激发许多潜力。日常练习就像是真正的肌肉，是你无法通过其他方式得到的肌肉；它会为你带来真正的技艺，是你无法通过其他方式得到的技艺。伟大的钢琴家或者小提琴家的演奏，你能感受到他们的力量与技艺。你认为，在他们走上巅峰的过程中，他们只是每年偶尔练习几次吗？

我认为，坚持日常练习的最好方法就是，让日常练习成为你人生哲学的一部分。日常练习不仅仅是你在做的一件事，它更是你的一种生活方式。 这就是我邀请读者多多了解自塑主义的原因，看看它是不是足够现代、足够睿智、足够聪明，足够吸引你的注意力。自塑主义展现的是一幅生活方式的图景，图中有一项或者多项日常练习相互契合。你的日常练习本就与生活融为一体，并非是额外添加进去的。

稳定、有意义的日常练习是可能的吗？ 当然！

除非这是一条可行的道路，否则我不会请你进行这项练习，让你踏上这条从心灵痛苦中解脱出来的自由之路。

——西尔维娅·布尔斯坦

就我个人而言，我（几乎）每天都坚持写作，这是我首要的日常练习。结果，不知不觉间我已经写了50多本书了。我也许每天只写一个小时，但字数还是很可观的。就像瓜熟蒂落、水到渠成，渐渐地，我的作品越来越多了。是的，也有难熬的日子，有时也想把所有的书稿一股脑儿全扔进垃圾桶。但这些都不会影响我的日常练习，因为每天坚持写作，符合我对自己生活方式的期望。

我还有其他重要的人生目标，也需要每天关注。我有自己的生意，需要每天打理。我还要享受与妻子之间的爱情——40多年来，我一直小心呵护着这段感情，也从中收获了巨大的幸福。我还积极参加活动，主要是在批判心理学和批判精神病学领域，不过这些不算是我的日常练习，但我会定期参加活动。每天都是专注于人生目标的一天。

练习，然后尽情宣泄吧！

要学会一种乐器，你就得练习、练习、再练习。然后，当你终于站在舞台上时，忘掉一切，尽情宣泄吧！

——查理·帕克[1]

我选择了这条路，这条快乐之旅。希望你们也来加入我的行列，每天为自己的人生目标做些努力，这不一定会让你的生活更轻松，但一定能令它更美好。试试吧，就一个月，最好是一年，最好是一辈子！

希望你们能去访问 kirism.com，了解自塑主义，也欢迎你们访问 ericmaisel.com。如果你想给我留言，请发送邮件至 ericmaisel@hotmail.com。愿你的日常练习（或者多个日常练习）能够为你所用！

---

[1] 译者注：查理·帕克，绰号"大鸟"，1920年8月29日生于美国堪萨斯州的堪萨斯城。不仅是爵士史上最伟大的中音萨克斯风手，更是爵士史上最才气纵横的萨克斯风手。

About the author
作者简介

埃里克·梅塞尔博士，著作颇丰，所著50多部作品涉及批判心理学、文学、创作和创意生活等领域。

梅塞尔博士被公认为是美国首屈一指的创作导师，还曾担任过心理治疗师、积极创作导师，还是批判心理学倡导者。他为《今日心理学》杂志撰写"反思心理保健"专栏博客，在国内和国际上屡次发表演说，并为国际道德心理学与精神病学协会及美国心理健康咨询师协会等组织发表主题演讲。

梅塞尔博士还在巴黎、伦敦、纽约、都柏林、布拉格和罗马等地举办深度写作研习会。他为记者们提供了数百篇文章、广播和电视采访，并通过DailyOM上的课程教授了数万名学生。若想了解更多有关梅塞尔博士的讲习班、培训、书籍和服务的信息，可登录ericmaisel.com，更多有关自塑主义的信息，可登录kirism.com。